AF410730

LE
CALCUL SIMPLIFIÉ

PAR LES

PROCÉDÉS MÉCANIQUES ET GRAPHIQUES

ESQUISSE GÉNÉRALE

COMPRENANT :

CALCUL MÉCANIQUE. — CALCUL GRAPHIQUE
CALCUL GRAPHOMÉCANIQUE
CALCUL NOMOGRAPHIQUE. — CALCUL NOMOMÉCANIQUE

PAR

Maurice d'OCAGNE

MEMBRE DE L'INSTITUT
PROFESSEUR A L'ÉCOLE POLYTECHNIQUE

TROISIÈME ÉDITION
avec une rédaction entièrement renouvelée et de nombreuses additions

PARIS

GAUTHIER-VILLARS ET Cie, IMPRIMEURS-LIBRAIRES

DU BUREAU DES LONGITUDES, DE L'ÉCOLE POLYTECHNIQUE
Quai des Grands-Augustins, 55

1928

CALCUL SIMPLIFIÉ

PARIS. — IMPRIMERIE GAUTHIER-VILLARS ET Cⁱᵉ,

80618   Quai des Grands-Augustins, 55.

LE
CALCUL SIMPLIFIÉ

PAR LES

PROCÉDÉS MÉCANIQUES ET GRAPHIQUES

ESQUISSE GÉNÉRALE

COMPRENANT :

CALCUL MÉCANIQUE. — CALCUL GRAPHIQUE
CALCUL GRAPHOMÉCANIQUE
CALCUL NOMOGRAPHIQUE. — CALCUL NOMOMÉCANIQUE

PAR

Maurice d'OCAGNE

MEMBRE DE L'INSTITUT
PROFESSEUR A L'ÉCOLE POLYTECHNIQUE

TROISIEME EDITION
avec une rédaction entièrement renouvelée et de nombreuses additions

PARIS

GAUTHIER-VILLARS ET Cⁱᵉ, IMPRIMEURS-LIBRAIRES

DU BUREAU DES LONGITUDES, DE L'ÉCOLE POLYTECHNIQUE

Quai des Grands-Augustins, 55

1928

AVERTISSEMENT

DE LA TROISIÈME ÉDITION.

La première édition de cet Ouvrage n'était que la simple reproduction de conférences faites en 1893 au Conservatoire des Arts et Métiers et dont le but était de mettre en évidence, dans leur ensemble, toutes les ressources que peuvent offrir la géométrie et la mécanique en vue de la simplification du calcul.

Dans la deuxième édition, parue en 1905, de nombreuses additions avaient été introduites sans que le plan général de l'Ouvrage eût été modifié.

Les importants progrès réalisés depuis lors dans les procédés de calcul de ce genre, d'une part, la façon nouvelle dont nous avons été amené à envisager l'ensemble de la question, d'autre part, nous ont conduit non pas simplement à remanier notre ancien exposé, mais, bien réellement, à en rédiger un nouveau en nous conformant d'ailleurs à la classification que nous avons définie dans notre communication du 18 janvier 1926 à l'Académie des Sciences ([1]), et dont le principe est rappelé à la fin de l'introduction qui suit.

Nous nous sommes trouvé amené par là à dire aussi quelques mots des méthodes graphiques et graphomécaniques d'intégration, laissées de côté dans les éditions précédentes.

Mais ne visant ici qu'à faire connaître l'essence des diverses branches du calcul simplifié et le genre de service que l'on peut attendre de chacune d'elles, nous avons tenu à conserver à ce livre un caractère de première initiation et de vulgarisation, renvoyant, pour tous les détails, tant techniques que

---

([1]) *C. R.*, t. 182, p. 191.

mathématiques, aux Ouvrages spéciaux par rapport auxquels celui-ci peut jouer le rôle d'une sorte d'introduction générale.

On peut, au reste, trouver des indications détaillées sur diverses parties du sujet, avec une très abondante bibliographie, dans l'Ouvrage n° 6 du répertoire bibliographique donné à la fin du présent volume.

Nous avons maintenu, dans cette nouvelle édition, sous forme d'annexes, les deux notes, introduites dans la deuxième édition, faisant connaître, l'une, la seule description détaillée existante de la machine à calculer de Tchebichef, rédigée par nous sous les yeux mêmes de l'illustre inventeur; l'autre, un ingénieux mode de figuration schématique du jeu de certaines machines à différences, dû au colonel du génie Bertrand.

Nous tenons à remercier ici, pour la précieuse collaboration qu'il nous a prêtée en ce qui concerne la revision du chapitre sur les machines arithmétiques, notre ancien élève de l'École Polytechnique, M. Jean Vèzes, aujourd'hui spécialiste des plus distingués de cette branche de la mécanique de précision ; il prépare, en ce moment, un *Traité général des machines à calculer*, dont il nous a communiqué le plan et qui constituera l'Ouvrage le plus complet et le plus savant qui ait encore été publié sur la matière.

Dans cet Ouvrage, un plein développement doit être donné à cette « anatomie comparée des machines à calculer » dont nous avons jeté les bases dans la première édition du présent livre, et qui, bien qu'encore sous une forme sommaire, se trouve précisée davantage dans cette troisième édition (¹).

Tous nos remercîments aussi à un autre érudit en matière d'instruments auxiliaires du calcul, M. Lucien Malassis, qui, bien que simple amateur, s'est fait avantageusement connaître, à la fois, comme inventeur d'ingénieux dispositifs et comme créateur d'une des plus remarquables collections qui existent d'objets et de documents relatifs à cette spécialité.

(¹) Des nomenclatures plus ou moins complètes des machines existantes ont été données dans les Ouvrages 16 et 18, mais sans nul souci d'en présenter une théorie rationnelle.

AVIS RELATIF AUX CITATIONS BIBLIOGRAPHIQUES

Les chiffres gras renvoient au répertoire bibliographique de la fin du volume.

Il sera de plus fait usage des abréviations suivantes :

A. F. A. S. — *Association française pour l'Avancement des Sciences.*

A. P. C. — *Annales des Ponts et Chaussées.*

B. S. E. — *Bulletin de la Société d'Encouragement pour l'Industrie nationale.*

G. C. — *Génie civil.*

J. E. P. — *Journal de l'École Polytechnique.*

P. J. — *Polytechnisches Journal, de Dingler.*

Pour les Ouvrages comportant plusieurs éditions, les indications données se rapportent à la dernière.

Si une référence bibliographique est reproduite de seconde main, d'après un autre Ouvrage, celui-ci est cité entre parenthèses immédiatement à la suite de cette référence.

LE
CALCUL SIMPLIFIÉ

PAR LES

PROCÉDÉS MÉCANIQUES ET GRAPHIQUES.

INTRODUCTION.

UTILITÉ GÉNÉRALE DE LA SIMPLIFICATION DU CALCUL.

L'importance du calcul s'affirme tout aussi bien dans le domaine de la théorie que dans celui de la pratique. Les progrès matériels réalisés par notre civilisation dérivent tous, plus ou moins directement, de la Science. Or, la Science ne saurait elle-même progresser sans le secours permanent du calcul. Et il ne s'agit pas seulement ici des sciences anciennement dites *exactes*, comme la Mécanique et l'Astronomie, où le calcul joue un rôle essentiel, mais encore de celles qui n'étaient considérées naguère qu'à titre de sciences expérimentales ou d'observation, et cela en raison de la précision qu'une évolution contemporaine a fait pénétrer dans leurs méthodes.

Dans toutes les branches de la Physique, voire en Chimie, la formule mathématique a pris une importance capitale. Il n'est pas jusqu'à la Physiologie qui n'y ait aussi recours, depuis qu'a été reconnue la nécessité de faire intervenir la notion de mesure dans l'étude des faits qui sont de son domaine.

Aussi peut-on, aujourd'hui plus que jamais, répéter avec

Platon que *les nombres gouvernent le monde*. Mais, en général, comme la remarque en a souvent été faite, ils le gouvernent sans l'amuser.

Un mathématicien, bien connu à Paris pour y avoir, pendant plusieurs années, occupé le poste d'ambassadeur d'Italie, le général Menabrea, a écrit les lignes suivantes (¹) :

« Combien d'observations précieuses restent inutiles aux progrès des sciences parce qu'il n'y a pas de forces suffisantes pour en calculer les résultats ! Que de découragement la perspective d'un long et aride calcul ne jette-t-elle pas dans l'âme de l'homme de génie qui ne demande que du temps pour méditer et qui se le voit ravi par le matériel des opérations ! Et pourtant c'est par la voie laborieuse de l'analyse qu'il doit arriver à la vérité; mais il ne peut la suivre sans être guidé par des nombres, car, sans les nombres, il n'est pas donné de pouvoir soulever le voile qui cache les mystères de la nature. »

Si le calcul est l'auxiliaire indispensable de la recherche scientifique, il est l'outil même au moyen duquel les principes découverts grâce à cette recherche, sont mis en œuvre en vue des applications pratiques. C'est ainsi que le navigateur, le géodésien, l'artilleur, le mécanicien, l'électricien, le financier, l'ingénieur, etc., sont astreints à y avoir sans cesse recours; pour chacun d'eux, le calcul constitue une partie importante, non la moins pénible assurément, du labeur quotidien. La simplification du calcul apporte au travailleur une large part de soulagement; mais parfois elle fait mieux encore, en rendant possibles, voire faciles, des opérations qui, sans cela, exigeraient un effort disproportionné avec le résultat à obtenir et que nul, peut-être, ne se soucierait de dépenser.

Cette affirmation, bien entendu, ne tient pas compte d'exceptions célèbres qui pourraient par hasard la faire tomber en défaut. On sait, en effet, que la puissance calculatrice a atteint chez certains individus une intensité qui tient du prodige.

(¹) *Notions sur la Machine analytique de Ch. Babbage* (*Bibliothèque universelle de Genève*, t. XLI, p. 352).

QUELQUES MOTS SUR LES CALCULATEURS PRODIGES.

L'histoire du calcul a conservé les noms de plusieurs d'entre 'eux. Nous citerons ([1]) : le jeune lorrain Mathieu Le Coq qui, alors âgé de huit ans, émerveilla, à Florence, Balthasar de Monconys, lors de son troisième voyage en Italie (1664); Mme de Lingré, qui dans les salons de la Restauration, faisait, au dire de Mme de Genlis ([2]), les opérations de tête les plus compliquées au milieu du bruit des conversations; l'esclave nègre Tom Fuller, de l'État de Virginie, qui, au déclin du XVIIIe siècle, mourut à l'âge de quatre-vingts ans sans avoir appris à lire ni à écrire; le pâtre wurtembergeois Dinner; le pâtre tyrolien Pierre Annich; l'Anglais Jedediah ([3]) Buxton, simple batteur en grange; l'Américain Zerah Colburn, qui fut successivement acteur, diacre méthodiste et professeur de langues; Dase, qui appliqua ses facultés de calculateur, les seules d'ailleurs qu'il possédât, à la continuation des tables de diviseurs premiers de Burckhardt pour les nombres de 7000000 à 10000000; Bidder, le constructeur des Docks de Victoria à Londres, qui devint président de l'*Institution of civil Engineers* et transmit en partie ses dons pour le calcul à son fils Georges; le pâtre sicilien Vito Mangiamelle, qui possédait, en outre, une grande facilité pour apprendre les langues; le jeune Piémontais Pughiesi; les Russes Ivan Petrof

---

([1]) Ces renseignements sont empruntés à la *Biographie de Henri Mondeux*, par Émile Jacoby, son professeur (6e éd.), à un article de M. A. Béligne paru dans la *Revue Encyclopédique* (1892, p. 1295), à la *Psychologie des grands calculateurs et joueurs d'échecs*, par M. Alfred Binet (Hachette, 1894). Ce dernier auteur renvoie aussi à un Mémoire de M. Scripture, paru en avril 1881 dans l'*American Journal of Psychology* (vol. IV, p. 1). On peut consulter encore le rapport de Cauchy sur Mondeux (*C. R.*, 2e sem. 1840, p. 952), et celui de MM. Charcot et Darboux sur Inaudi (*C. R.*, 1er sem. 1892, p. 1329).

([2]) *Mémoires*, t. VIII, p. 105. Dans l'opuscule de Jacoby, le nom de Mme de Lingré a été transformé en celui de Lautré.

([3]) Ce prénom et le suivant sont donnés d'après le texte de M. Béligne. Dans la brochure de Jacoby on les trouve écrits respectivement : Judéiah et Zerald.

et Mikaïl Cerebriakof ([1]) ; le pâtre tourangeau Henri Mondeux,
qui eut une très grande vogue sous le règne de Louis-Phi-
lippe ; le jeune bordelais Prolongeau ; l'homme-tronc Grande-
mange venu au monde sans bras ni jambes ([2]) ; Vinckler, qui
a été l'objet d'une expérience remarquable devant l'Université
d'Oxford ([3]). Enfin, nous assistons encore aujourd'hui aux
merveilleux tours de force arithmétiques du Piémontais
Jacques Inaudi, lui aussi pâtre à ses débuts, et qui a trouvé
un émule en la personne du Grec Diamandi ([4]). Tout récemment, enfin, un calculateur de même ordre a surgi en la
personne de l'Espagnol Sanmartin soumis à une expérience
devant l'Académie des Sciences de Madrid ([5]). On ne saurait
manquer d'être frappé du nombre de ces calculateurs extra-

([1]) Cités par M. Bobynin dans un article de l'*Enseignement mathématique* (1904, p. 362) qui confirme la manière de voir, ici émise, sur la
distinction entre calculateurs et mathématiciens. Dans cet article, la
plupart des noms propres sont défigurés (Mondé pour Mondeux, Kolborn
pour Colburn, etc.).

([2]) C'est par suite d'une confusion que M. Binet attribue dans son
livre (p. 189) cette infirmité à Prolongeau (Voir *C. R.*, t. XXXIV, 1852,
p. 371).

([3]) D'après l'article de M. H. Laurent sur le *Calcul mental* dans la
Grande Encyclopédie du xixe *siècle*.

([4]) Le livre de M. Binet contient des études très détaillées sur les
calculateurs Inaudi et Diamandi appartenant, pour la mémoire des
chiffres, l'un au type auditif, l'autre au type visuel.

Inaudi a bien voulu, au cours d'une séance privée, de caractère tout
scientifique, qui a eu lieu le 6 juin 1924, se prêter devant nous à une
épreuve comparative avec quelques-unes des machines dont il sera
question plus loin. Quelque étonnante que soit son exceptionnelle rapidité
de calcul mental, qui le classe sans le moindre doute au premier rang
de ses émules, nous avons constaté que les machines arrivaient assez vite
à l'emporter sur lui lorsque croissait la quantité des chiffres entrant
dans les nombres soumis aux opérations ; ainsi, pour les multiplications,
l'avantage des machines commençait à s'accuser dans le cas des produits
de 4 chiffres par 4 chiffres et s'accentuait rapidement à partir de là,
ce qui n'a d'ailleurs rien de surprenant, attendu que certaines de ces
machines, manipulées, il est vrai, par des opérateurs particulièrement
habiles et entraînés, arrivent à effectuer des produits de 8 chiffres
par 8 chiffres en moins de 6 secondes.

([5]) *Rev. de la R. Ac. de cienc.* t. XXIII, fasc. 2, déc. 1926, p. 314.

ordinaires qui ont passé leur première enfance à garder des troupeaux. Le calcul a d'abord été pour eux un passe-temps propre à tromper l'ennui des longues stations au milieu des champs.

Mais, outre qu'une puissance calculatrice comparable à la leur est extrêmement rare, elle ne s'allie généralement pas à un développement parallèle des autres facultés. Il semble que le cerveau, tout absorbé par une telle fonction, ne se prête guère à diversifier ses exercices. Car c'est une véritable hérésie, encore bien qu'elle soit. fort répandue (¹), de voir, dans une grande habileté à calculer, l'indice de dispositions supérieures pour les mathématiques. Ni l'intuition, ni la logique, qui jouent le principal rôle dans le domaine de ces sciences, ne se lient nécessairement à la grande facilité d'opérer mentalement sur des nombres d'après les règles de l'arithmétique, qui ne fait appel qu'à la mémoire. Confondre les deux choses, c'est commettre une erreur de jugement aussi grave que celle qui consisterait à prendre une exceptionnelle agilité des doigts sur le clavier d'un piano pour l'indice d'un don remarquable de composition musicale.

On cite néanmoins quelques mathématiciens qui furent

(¹) Elle s'étale notamment d'un bout à l'autre de la brochure de l'instituteur de Mondeux, Jacoby, qui, pourtant, cite certains faits propres à la combattre, ceux-ci notamment : « ...Il ne put ou ne voulut jamais entendre un seul mot de théorie, jamais je n'ai pu l'astreindre à faire une démonstration... » (p. 128). — « ...Ainsi, malgré mes leçons et mes peines, Henri sait à peine, j'oserai même dire ne sait pas, les quatre premiers livres de la Géométrie de Legendre... » (p. 131). — « ...Je n'ai jamais pu obtenir de Mondeux un travail suivi dans la science qu'il aime tant, je n'ai jamais pu lui faire démontrer ses procédés de calcul... » (p. 150).

Ce que Jacoby raconte en outre (p. 9, 10, 11) de l'échec des tentatives d'éducation mathématique de quelques autres calculateurs prodiges (Dinner, Colburn, Mangiamelle), confirme également la thèse ici soutenue.

Une des particularités les plus curieuses rapportées par Jacoby au sujet de Mondeux, consiste en ce que celui-ci était depuis longtemps en possession de tous ses moyens comme calculateur quand on lui apprit la forme des chiffres. Pour nous, qui ne nous figurons les nombres qu'à travers leur représentation par des chiffres, il y a là quelque chose d'invraisemblable.

en même temps d'habiles calculateurs, et parmi les plus illustres : Wallis, Euler, Gauss et Ampère.

Mais il ne faut pas compter avec les exceptions, et l'on peut hardiment avancer que toute simplification apportée dans les procédés du calcul numérique constitue un progrès d'une utilité vraiment générale, en affranchissant les travailleurs de l'ennui et de la fatigue qui accompagnent le calcul, en leur évitant la perte de temps qu'il entraîne, en écartant enfin les chances d'erreurs qu'il comporte.

ROLE DES TABLES DANS LE CALCUL NUMÉRIQUE.

Le comptage unité par unité, pour passer d'un nombre à un autre dans la suite naturelle des nombres entiers, est l'unique fondement de tout calcul numérique, celui-ci s'y ramenant de proche en proche par l'intermédiaire des tables de calculs tout faits.

En premier lieu, en effet, ce comptage a permis de dresser la table d'addition des nombres pris deux à deux, puis celle-ci, la table de multiplication des nombres également pris deux à deux, d'où les autres tables usuelles ont ensuite été déduites. Ces deux premières tables supposées prolongées jusqu'à la limite des nombres rencontrés dans la pratique permettraient d'avoir le résultat de toute addition ou multiplication, et, par une marche inverse, de toute soustraction ou division, sans qu'il fût besoin d'effectuer aucune opération proprement dite. Les opérations auxquelles on a recours, en appliquant les règles connues de l'arithmétique élémentaire, n'ont d'autre but que de limiter l'usage des tables d'addition et de multiplication à la partie correspondant à des nombres donnés d'un seul chiffre, partie qui, pour la multiplication, porte vulgairement le nom de *table de Pythagore* (¹).

Ces deux tables réduites étant apprises par cœur dès le jeune âge, on peut, dès lors, effectuer tous les calculs courants sans avoir aucune table sous les yeux. Néanmoins, en vue de

---

(¹) Par suite d'un malentendu, selon l'érudition moderne. *Voir,* à ce propos, dans **6**, p. 212, la note 38, due à G. Eneström.

multiplications fréquemment répétées portant sur de grands nombres, des tables ont été construites d'une bien plus grande étendue, telles que celles de Crelle qui donnent le produit d'un nombre entier quelconque inférieur à 10000000 par un nombre quelconque d'un seul chiffre (¹).

En vue de constituer des tables de multiplication d'un usage aussi étendu que possible sous de petites dimensions, un ingénieux dispositif a été imaginé par Jean Napier, baron de Merchiston (dont le nom latinisé en Neperus est devenu, en français, Néper).

L'illustre inventeur des logarithmes a eu l'idée de rendre mobiles les diverses colonnes dont se compose la table de Pythagore, de façon à pouvoir les juxtaposer dans l'ordre des chiffres du multiplicande et, en outre, de diviser chaque case en deux par une diagonale, de façon à séparer le chiffre des dizaines du chiffre des unités. Voici dès lors comment on opère pour avoir le produit d'un nombre par un multiplicateur composé d'un seul chiffre, soit par exemple de 365 par 7. On juxtapose, à côté de la colonne o, qui reste fixe et où sont inscrits les multiplicateurs de 1 à 9, les colonnes 3, 6 et 5 (*fig.* 1). En face du chiffre 7 de la colonne o,

Fig. 1.

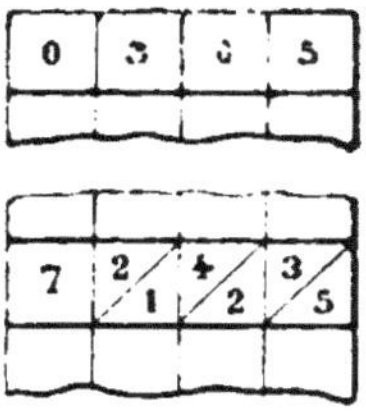

on a alors les produits par 7 des chiffres correspondants du multiplicande; il suffit donc d'ajouter le chiffre des dizaines de chaque case au chiffre des unités de la case voisine de gauche, c'est-à-dire d'additionner *parallèlement aux diagonales*, pour avoir le produit cherché 2555.

C'est en 1617 que, dans sa *Rhabdologie*, publiée à Édimbourg, Néper indiqua ce procédé, réalisé sous forme pratique dans

---

(¹) 6, p. 214.

son *Promptuarium*. Il ne le tenait bien certainement de personne. Il est toutefois curieux de noter que la méthode enseignée, dès le xve siècle, par le mathématicien arabe Alkalçadi, pour effectuer la multiplication, et qui se retrouve dans l'*Arithmétique* de Petrus Apianus (1543), repose sur le même principe que les bâtons de Néper.

On peut, pour se conformer à l'habitude admise, adopter une disposition telle que les additions à effectuer se fassent dans le sens vertical. Il suffit, pour cela, de remplacer les

Fig. 2.

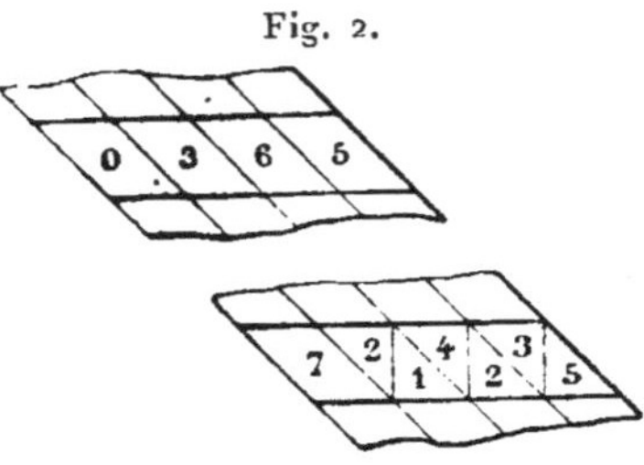

bandes verticales par des bandes inclinées à 45° (*fig.* 2). Il faut remarquer aussi que par simple découpage, en neuf bandes mobiles, de la table de Pythagore, on n'a le moyen de représenter que des nombres dans lesquels n'existent pas deux chiffres pareils.

On peut accroître le nombre des colonnes à utiliser en se servant de règles à section carrée dont chacune des quatre faces sert à l'inscription d'une colonne différente de la table de Pythagore.

Il est préférable encore, comme, dès 1668, le proposait le jésuite Gaspard Schott dans son *Organum mathematicum*, de substituer aux bâtons de Néper des cylindres parallèles dont la périphérie, divisée en dix bandes numérotées de 0 à 9, reproduit les diverses colonnes de la table de Pythagore, plus une colonne de 0.

L'idée de Schott a d'ailleurs été, depuis lors, remise plusieurs fois en avant, notamment par Grillet, horloger du Roi (1678) [1] et par Hélie (1839) [2].

---

[1] *Journal des Savants,* année 1678, p. 162.
[2] *C. R.*, 28 octobre 1839.

Avec Petit (1671) (¹) les bâtons de Néper s'enroulent sous forme de rondelles sur un tambour cylindrique; quant à Leupold (1727) (²), il avait constitué son appareil au moyen de disques décagonaux contigus mobiles les uns par rapport aux autres.

Poetius (1728) (³) leur donne la forme de cercles concentriques dans sa *Mensula pythagorica* dont des variantes sont proposées par Prahl (1789) sous le nom d'*Arithmetica portatilis*, et par Gruson (1790).

Au *Promptuarium* de Néper peuvent encore être rattachés les procédés de Reyher (1688), de Méan (1731) (⁴), Roussain (1738) (⁵), Jordans (1797), Bardach (1839), Lapeyre (1840), Dubois (1861) (⁶), E. Bec (1911) (⁷), A. Noury (1919) (⁸). Dans les appareils de Roussain et de Dubois, certaines bandes de chiffres sont distinguées par des couleurs (⁹).

Le colonel Quinemant a disposé les bâtons de Néper suivant des cercles concentriques mobiles les uns par rapport aux autres pour qu'il soit possible d'aligner suivant un rayon les produits partiels à totaliser.

Dans les réglettes de Pruvost-le-Guay (¹⁰), publiées à Paris, en 1890, avec des améliorations successives, les bâtons de Néper sont réunis par deux, ce qui simplifie sensiblement leur emploi.

Le procédé népérien ne donne les produits des nombres par un multiplicateur d'un chiffre qu'au prix de petites additions partielles, portant chacune sur deux chiffres. Un progrès restait donc à réaliser : rendre ces additions inutiles.

(¹) *Journal des Savants*, 1678, p. 162.

(²) *Theatrum arithmetico-geometricum*, p. 25.

(³) *Arithmétique allemande*, p. 495.

(⁴) *Mém. de l'Acad. des Sciences*, t. V.

(⁵) *Hist. de l'Acad. des Sciences*, 1740, p. 59.

(⁶) *C. R.*, 7 octobre 1867.

(⁷) *Illustration*, juillet 1911.

(⁸) *La Nature*, juillet 1920 et octobre 1925.

(⁹) La nomenclature, jointe au rapport de Th. Olivier, à laquelle nous empruntons plusieurs de ces renseignements (*B. S. E.*, 1843, p. 415), cite aussi deux instruments de calcul dus à M. Nuisement (1834), qui semblent devoir se rattacher plutôt à notre quatrième classe.

(¹⁰) Citées par Ed. Lucas dans sa *Théorie des nombres* (p. 32). On trouve des boîtes de ces réglettes au Conservatoire des Arts et Métiers.

Le Dr Roth, dont le nom reste attaché à plusieurs inventions arithmétiques, avait, dès 1841, conçu un dispositif qui réalisait à peu près ce desideratum. Son appareil (¹), muni de coulisses, faisait apparaître les chiffres du produit dans de petites lucarnes pratiquées *ad hoc*; ces chiffres étaient les uns noirs, les autres rouges; chacun des premiers était exactement pris pour sa valeur, chacun des derniers devait être augmenté d'une unité. Cela constituait assurément un progrès sur le pur procédé népérien; il était néanmoins possible d'aller plus loin.

Mais un progrès plus considérable a été réalisé dans cette voie par Genaille (²), ingénieur des Chemins de fer de l'État français, dont les réglettes ont été présentées en 1885 par Édouard Lucas au Congrès de l'*Association française pour l'Avancement des Sciences*.

Grâce à une étude attentive du mode de formation des produits dans les bâtons de Néper, il reconnut que ceux-ci pouvaient être obtenus au moyen d'échelles chiffrées placées sur chacune des dix réglettes 0, 1, 2, ..., 9 entre lesquelles l'œil se trouve guidé par certains tracés obtenus par la juxtaposition d'indices imprimés d'une manière invariable sur les réglettes. Ces indices sont les triangles noirs qui s'aperçoivent sur chaque face des réglettes. En outre, celles-ci sont à quatre

---

(¹) Cet appareil fut publié sous le nom de *Prompt multiplicateur et diviseur*. Le 27 mai de la même année, 1841, M. J.-S. Henri prenait un brevet pour un appareil dit *Prompt calculateur*; à ce même type peut être rattaché l'*auto multiplicateur* d'Eggis (6, p. 235). Le principe sur lequel reposent ces divers multiplicateurs avait d'ailleurs été utilisé dès 1671 par Petit.

(²) Genaille, mort le 16 mai 1903, était doué d'un véritable génie pour l'invention des instruments arithmétiques. Parmi les appareils très curieux qu'on lui doit, il convient encore de citer une règle à chevilles permettant de vérifier si les nombres de la forme $2^n - 1$ sont premiers, qui l'a mis à même de reconnaître ce caractère pour de fort grands nombres de cette forme, signalés par Fermat, sans qu'on puisse savoir comment le grand mathématicien y est parvenu. Genaille a dressé aussi le projet d'une machine à calculer électrique qui, malheureusement, n'a pas été réalisé.

Voir *A. F. A. S.*, Congrès de Marseille, 1891, p. 159.

faces, chacune des faces portant la bande relative à un chiffre différent, de sorte qu'avec les dix réglettes, on peut constituer un multiplicande de dix chiffres sur lesquels quatre seraient identiques.

Voici la manière d'opérer avec les réglettes de Genaille : soit, par exemple, à multiplier 42457 par 8 (*fig.* 3). A la droite

Fig. 3.

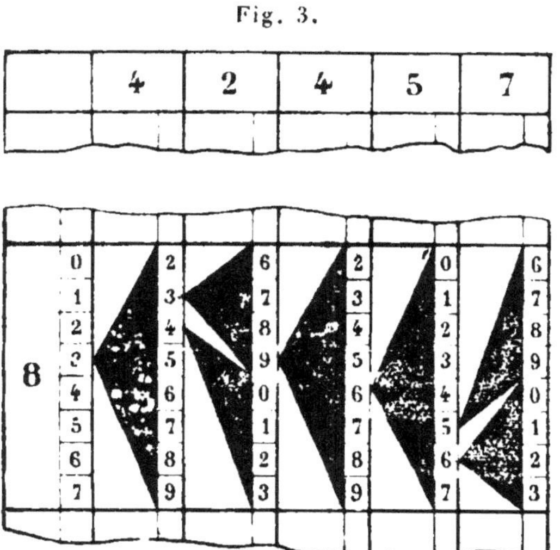

de la réglette fixe contenue dans la boîte, on dispose les réglettes 4, 2, 4, 5. 7 en ayant soin de placer exactement dans le prolongement les uns des autres les traits divisant les bandes successives en tranches horizontales. Puis, dans la tranche correspondant au chiffre 8 de la réglette mobile, on prend le chiffre qui est dans l'angle supérieur de droite de cette tranche; c'est un 6. A partir de là, on obtient les autres chiffres du produit par l'application de la règle très simple qui suit : dès qu'un chiffre a été obtenu, on passe dans le triangle noir à la base duquel ce chiffre est contigu, et l'on va prendre le chiffre marqué par le sommet de ce triangle. Dans le cas présent, l'application de cette règle donne successivement, après le premier chiffre 6, les chiffres 5, 6, 9, 3, 3. On obtient donc le produit 339656 par une simple lecture guidée par les triangles noirs. Il est beaucoup plus expéditif de faire cette opération que de l'expliquer, et sa simplicité est telle qu'un tout jeune enfant ne sachant pas encore la table de Pythagore peut, en quelques minutes, — j'en ai fait l'expérience — être mis à même de l'exécuter et d'effectuer ainsi, sans erreur possible, la multiplication d'un nombre de dix chiffres par un multiplicateur d'un chiffre ([1]).

Afin de pouvoir écrire un nombre quelconque, quel que soit le nombre de ses figures semblables, Genaille a eu aussi recours à des rouleaux analogues à ceux de Schott, dont il a été question plus haut. Supposons que nous ayons monté, les uns à côté des autres, vingt de ces rouleaux. Nous aurons ainsi un appareil qui nous donnera tous les produits par 1, 2, 3, ..., 9 de tous les nombres jusqu'au

$$100\ 000\ 000\ 000\ 000\ 000\ 000^{\text{ième}},$$

le *cent quintillionième !* ([2]).

([1]) On trouve dans le *Journal de Crelle* (t. 28, 1844, p. 184) une note où un inventeur russe, du nom de Slonimsky, fait valoir les avantages d'un appareil qu'il ne décrit pas, mais qui, d'après ce qu'il en dit, devait fournir des résultats analogues à ceux des réglettes de Genaille. Un procédé du même genre a été proposé en 1881 par M. Jofe (1 4, p. 194).

([2]) Ce nombre, dès le premier abord, paraît fort grand; mais, afin de mieux faire ressortir son immensité, nous allons emprunter à Édouard Lucas une comparaison tout à fait frappante.

Supposons que l'on catalogue tous les résultats donnés par cet appareil en inscrivant sur une même ligne les 9 produits relatifs à chaque nombre; il faudra, pour cela, cent quintillions de lignes. Si l'on prend l'espacement de ces lignes égal à 1 centimètre, la bande de papier nécessaire pour l'inscription de ces cent quintillions de lignes aurait une longueur égale à vingt-cinq milliards de fois le tour du monde, c'est-à-dire que, si elle s'enroulait autour de l'équateur de la Terre, par suite du mouvement diurne de celle-ci, il faudrait plus de 68 millions d'années pour que cet enroulement fût achevé.

Supposons maintenant ce catalogue, débité en pages de 100 lignes, réunies à raison de 1000 pages par volume; le catalogue contiendra donc

$$1\ 000\ 000\ 000\ 000\ 000$$

ou *un quatrillion* de volumes ! Admettons que la Bibliothèque Nationale puisse contenir dix millions de ces gros volumes, ce qui est un nombre

Genaille a conçu des réglettes du même genre pour la division et pour le calcul de l'intérêt par jour, avec les millimes, d'un capital quelconque placé à l'un des taux usuels (¹).

En partant des tables fondamentales d'addition et de multiplication, il est possible d'en établir d'autres s'appliquant à certains calculs spéciaux. Au reste, la construction de ces tables comporte, en général, d'importantes simplifications par rapport au travail qu'exigerait la détermination individuelle directe de tous les résultats y figurant.

Ce que les mathématiciens appellent le *calcul des différences* est la source principale de ces simplifications.

Un exemple particulièrement caractéristique va nous permettre de faire saisir, sans aucun appareil mathématique, le genre d'aide que l'on peut attendre de ce mode de calcul.

Supposons que nous voulions calculer une table des carrés des nombres, disposée sur deux colonnes contenant l'une la suite naturelle des nombres 1, 2, 3, ..., l'autre leurs carrés 1, 4, 9, ... Si, pour dresser ce tableau, nous prenons successivement chaque nombre pour le multiplier par lui-même, nous ne tarderons pas à reculer devant la longueur et l'aridité des calculs. Mais le calcul des différences vient à notre secours

---

respectable, il faudrait alors

100 000 000,

c'est-à-dire *cent millions de fois la Bibliothèque Nationale* pour contenir notre catalogue! De tels nombres, qui confondent l'imagination, font ressortir l'extraordinaire puissance calculatrice de ce petit appareil qui tient dans un cadre de quelques décimètres de pourtour.

(¹) Toutes ces réglettes ont été éditées à Paris par la maison E. Belin.

Édouard Lucas, de son côté, a imaginé un calendrier perpétuel fondé sur un principe analogue à celui des réglettes de Genaille. Il se compose de réglettes portant simplement des traits noirs et correspondant respectivement au siècle, à l'année dans le siècle, au mois, à la date dans le mois, enfin au jour de la semaine. Ces réglettes étant juxtaposées dans l'ordre convenable, les traits noirs correspondant sur chacune d'elles aux données forment une ligne brisée continue à l'extrémité de laquelle on n'a qu'à lire le résultat cherché. Ce calendrier se trouve dans le numéro du 4 janvier 1890 de la *Revue scientifique*. Aux réglettes de Genaille peut être aussi rattaché l'*Espéranto* de L. Cabrol (1907).

en nous offrant la solution suivante : Accolons temporairement aux deux colonnes qui doivent constituer le tableau définitif une troisième colonne dans laquelle nous inscrirons la suite des nombres impairs en commençant par le nombre 3. Dès lors, chaque carré inscrit dans la seconde colonne se déduit du précédent par simple addition du nombre impair placé à côté de celui-ci dans la troisième colonne, ainsi que l'on peut s'en rendre compte sur le tableau que voici :

Nombres	Carrés.	Différences.
1	1	3
2	4	5
3	9	7
4	16	9
5	25	11
.	.	.
.	.	.
.	.	.

La propriété ici indiquée pour la·construction d'une table de carrés s'étend à des cas beaucoup plus généraux. Remarquons que la différence entre les différences dont nous venons de nous servir (les nombres impairs consécutifs) est constante et égale à 2. On dit que *la différence seconde des carrés des nombres entiers est constante.* C'est sous cette forme que la proposition se généralise. Si, au lieu d'un simple carré, on considère un polynome du second degré tel que

$$A x^2 + B x + C;$$

si, en outre, au lieu de faire croître le nombre x (qu'on appelle l'*argument* de la table) d'unité en unité à partir de la valeur 1, on le fait croître par échelons successifs égaux mais quelconques, à partir d'une valeur quelconque, la propriété reste vraie.

Il y a plus encore : la propriété énoncée pour les polynomes du second degré se généralise pour le 3e, le 4e, ..., le $n^{ième}$ degré. Seulement, ce sont alors les différences d'ordre 3e (différences des différences secondes), 4e, ..., $n^{ième}$, qui sont constantes.

On verra plus loin (¹) l'aide que certaines machines peuvent apporter à ce genre de calcul.

Lorsque le résultat à obtenir dépend d'une seule donnée, comme dans le cas d'une table de carrés, on inscrit la suite des valeurs de l'*argument* dans une première colonne, et les résultats correspondants (valeurs de la fonction), en face de ces valeurs successives, dans la seconde colonne. On obtient ainsi une *table à simple entrée* ou *barème simple*, du nom du calculateur français Barrême (1640-1703) qui, le premier, eut l'idée d'appliquer des tables de ce genre aux calculs usuels dans son *Livre des Comptes faits* (1670), resté si justement populaire (²).

S'il y a deux données, on les dispose, par valeurs régulièrement croissantes, l'une sur le bord supérieur, l'autre sur un bord latéral d'un tableau sur lequel on inscrit les résultats, chacun de ceux-ci étant placé à l'entre-croisement de la ligne et de la colonne correspondant aux valeurs qui ont été attribuées aux données pour son calcul. On a ainsi une *table à double entrée* ou *barème double* (³).

La construction de pareilles tables comporte des simplifications analogues à celles qui ont été signalées pour les barèmes simples. Il est inutile d'y insister davantage.

Vu l'importance des tables numériques, pour toutes les applications des sciences mathématiques, l'*Association britannique pour l'Avancement des Sciences* a nommé, en 1872, un

---

(¹) *Voir* p. 74. Cet artifice de construction des tables s'étend à des fonctions plus compliquées que l'analyse mathématique apprend à remplacer, au degré d'approximation requis, dans des intervalles définis, par certains polynomes constitués par la partie principale de leurs développements en série.

(²) Depuis cette époque, des tables du même genre ont été dressées en telle quantité pour les besoins du commerce et de la finance qu'il ne saurait être question d'en donner ici une énumération même très incomplète.

(³) Il peut arriver que l'on transforme, en vue d'un moindre encombrement, une table simple en table double en prenant comme arguments : d'une part, le nombre des dizaines, d'autre part, le chiffre des unités du nombre donné. C'est ce qui a lieu notamment dans les tables de logarithmes.

Commiltee on Mathematical Tables (¹), chargé de former un catalogue aussi complet que possible des tables qui existent et de réimprimer ou construire les tables qui seraient jugées nécessaires. Un premier rapport, très étendu, a été présenté à l'Association en 1873; il a été suivi de plusieurs autres en 1878, 1883, etc.

Nous ne saurions entrer ici dans aucun détail à ce sujet. Nous indiquerons toutefois, en quelques mots, que certaines dispositions spéciales ont été imaginées en vue de réduire l'étendue de tables auxquelles les besoins de la pratique conduiraient à donner un développement considérable, ce qui les transforme en des sortes d'appareils à calcul.

Nous pouvons citer deux tels appareils figurant dans la collection du Conservatoire des Arts et Métiers, et qui sont dus respectivement à MM. Didelin et Chambon.

L'appareil de M. Didelin permet d'obtenir l'intérêt, pendant un jour,. d'un capital quelconque au plus égal à 100000^{fr} et placé à un des taux usuels variant, de quart en quart, de 0,25 à 7 pour 100, ainsi qu'à 8 ou 9 pour 100.

Si le tableau des résultats calculés affectait la forme d'un barème ordinaire, celui-ci, disposé sur trente colonnes correspondant aux divers taux, devrait comprendre 100000 lignes.

Mais un capital quelconque peut être décomposé en centaines de mille, dizaines de mille, ..., dizaines et unités. Si l'on peut avoir séparément les intérêts afférents à ces diverses parties, il suffira d'en faire la somme pour obtenir l'intérêt cherché.

On voit donc qu'on peut réduire le tableau aux 45 lignes correspondant à

1	2	3	...	9
10	20	30	...	90
..	..	..	...	..
10000	20000	30000	...	90000

plus une ligne correspondant à 100000.

Les neuf premières lignes étant appliquées sur la surface

(¹) Composé de MM. Cayley, Stokes, W. Thomson, Smith et Glaisher.

d'un rouleau, les neuf suivantes sur celle d'un second rouleau placé à côté du premier, et ainsi de suite jusqu'à un cinquième rouleau qui porte les neuf lignes correspondant aux dizaines de mille, plus la ligne correspondant à 100 000, si l'ensemble de ces rouleaux est recouvert d'un écran percé de fenêtres longitudinales, permettant d'apercevoir la génératrice supérieure de chaque rouleau, il suffit de faire tourner chaque rouleau de façon à amener sous la fenêtre correspondante la ligne relative au chiffre voulu, et de faire la somme des nombres apparaissant dans la colonne du taux donné pour avoir l'intérêt cherché (¹).

Cette disposition d'une table numérique sous forme de rouleaux juxtaposés présente encore l'avantage de pouvoir être étendue à certaines tables à trois entrées.

On conçoit immédiatement en effet que si, par un dispositif quelconque, on fait varier les inscriptions portées par chaque rouleau suivant les valeurs d'une troisième entrée inscrite elle-même à côté du tableau des résultats, on aura constitué un *barème triple*.

Telle est l'idée que M. Chambon a très ingénieusement réalisée dans son *Calculateur d'intérêts* qui donne l'intérêt, pour un nombre de jours compris entre 1 et 365, d'un capital au plus égal à 99999^{fr} placé à un taux de 3, 3,50, 4, 4,50, 5, 5,50 et 6 pour 100. A la première entrée, qui est le nombre de jours, correspondent les colonnes verticales du tableau. Les divers rouleaux sont affectés, comme dans le précédent appareil, respectivement aux unités, dizaines, ... et dizaines de mille, et sur chacun d'eux, une toile sans fin entraînée par sa rotation peut faire apparaître les neuf lignes correspondant à la deuxième entrée.

Quelque ingénieux que soit ce système, fort bien approprié à l'application particulière en vue de laquelle il a été conçu, il ne saurait se prêter à un développement considérable du nombre des valeurs distinctes admises pour la troisième entrée. Aussi son emploi ne saurait-il être qu'assez restreint.

(¹) On remarquera l'analogie d'une telle disposition avec celle des rouleaux népériens de Schott, cités plus haut (p. 8).

Les barèmes à triple entrée ne sont donc, en réalité, susceptibles de prendre aucune notable extension. Quant à en constituer à plus de trois entrées, il n'y a pas pratiquement à y songer. Doit-on, dès lors, se résigner à ne jouir du très grand bénéfice qu'offrent les tables de calculs tout faits que lorsque ceux-ci ne comportent que deux données ? Il n'en est fort heureusement pas ainsi grâce à un mode spécial d'intervention de la méthode graphique qui se montre là d'un puissant et fécond secours en se prêtant à l'admission d'un nombre quelconque d'entrées, ainsi qu'on le verra plus loin (*Calcul nomographique*).

CLASSIFICATION GÉNÉRALE DE TOUS LES PROCÉDÉS MÉCANIQUES ET GRAPHIQUES DE CALCUL.

L'ensemble de tous les procédés de calcul, dérivés de la Géométrie et de la Mécanique, apparait au premier abord comme formant une masse considérable, extrêmement confuse. L'étude approfondie de tous ces procédés, à laquelle nous avons commencé à nous attacher il y a plus de trente ans, nous a conduit, en dernière analyse, à prendre pour éléments caractéristiques de chacun d'eux : 1° le mode d'inscription qu'il comporte pour les nombres (données et résultat) entrant dans l'opération à laquelle il s'applique; 2° la nature — graphique ou mécanique — de la liaison par laquelle cette opération est réalisée.

Au point de vue de l'inscription, ou bien les chiffres dont se compose chaque nombre sont inscrits individuellement au moyen de dispositifs appropriés, en quelque quantité que soient ces chiffres (jusqu'à la limite fixée par la pratique), auquel cas on a affaire à un *inscripteur à chiffres*; ou bien chaque nombre est lu sur une échelle cotée (métrique ou fonctionnelle) qui constitue alors un *inscripteur à cotes*. Dans ce second cas, sauf pour les nombres qui servent de cotes aux points effectivement marqués sur l'échelle, l'inscription n'est réellement pratiquée qu'à un certain degré d'approximation dépendant de la précision de l'interpolation à vue qui permet d'atteindre les points intermédiaires entre les points marqués, degré d'approximation qu'il convient d'adapter aux besoins de l'application pratique que l'on a en vue.

Quant à la nature de la liaison établie entre les inscripteurs, à chiffres ou à cotes, correspondant les uns aux données, le dernier au résultat, c'est elle qui constitue l'essence même du procédé envisagé. Cette considération primordiale conduit à grouper en cinq classes tous les procédés en question.

Les subdivisions à introduire dans chacune de ces cinq classes résulteront de l'exposé que contient le présent volume.

Parmi ces cinq classes, il n'en est qu'une qui soit fondée sur l'emploi d'inscripteurs à chiffres; elle embrasse toutes les machines à calculer proprement dites, qui ne s'appliquent qu'à des opérations arithmétiques isolées ou combinées en petit nombre (comme le sont les additions étagées sur lesquelles repose le calcul des différences), mais portant sur des nombres d'autant de chiffres qu'on le veut (dans les limites assignées par la pratique). C'est à cette première classe qu'il convient de réserver le nom de *calcul mécanique*.

Les quatre autres classes n'utilisent que des inscripteurs à cotes.

En premier lieu, ces inscripteurs à cotes peuvent servir simplement à fournir, sur un dessin, les longueurs de certains segments de droites, proportionnelles soit (ce qui est le cas à peu près général) aux nombres eux-mêmes soumis à l'opération, soit à certaines fonctions simples (comme le carré ou le logarithme) de ces nombres. Les segments de droite, ainsi représentatifs des données, entrent alors dans certaines constructions géométriques propres à faire apparaître, sous la même forme, le résultat cherché, dont la valeur numérique est encore fournie par un inscripteur à cotes auquel on le confronte. Mais ces constructions géométriques peuvent être effectuées soit par les procédés graphiques ordinaires n'utilisant que la règle, l'équerre et le compas, soit à l'aide de dispositifs mécaniques spéciaux, propres à réaliser par leur jeu certaines relations géométriques, tels que sont, par exemple, les divers intégromètres et intégraphes. Dans le premier cas, on a affaire au *calcul graphique* proprement dit (qui comprend notamment toute la *statique graphique*); dans le second, au calcul *graphomécanique*.

Mais on peut aussi supposer que les inscripteurs à cotes interviennent directement dans l'opération substituée au calcul numérique; il faut pour cela qu'ils soient liés entre eux par l'intermédiaire soit de certains systèmes de lignes fixes ou mobiles, soit de certains organes mécaniques, de telle façon que les nombres lus, à chaque instant, simultanément sur chacun d'eux, en face d'index déterminés, satisfassent ensemble à une certaine relation analytique dont on se trouve avoir ainsi réalisé une sorte de représentation. De là, deux nouvelles classes, celle du *calcul nomographique* et celle du *calcul nomomécanique*, suivant que la liaison établie entre les divers inscripteurs à cotes est de forme graphique ou mécanique (¹).

En fait, les systèmes cotés qui figurent sur les nomogrammes ne sont pas seulement de ces échelles que nous avons plus spécialement appelées des inscripteurs à cotes; on y trouve aussi des systèmes de lignes quelconques cotées; mais il suffit, pour être ramené au type primordial ici envisagé, d'écrire les cotes de chacun de ces systèmes à la rencontre des lignes qui le composent avec une transversale quelconque ainsi transformée en un véritable inscripteur à cotes, à partir duquel les lignes du système apparaissent comme des éléments de liaison graphique.

Quant au calcul nomomécanique, il englobe, avec les règles et cercles à calcul, les remarquables machines imaginées par M. Torres Quevedo, dites par lui *algébriques*.

En résumé, la classification d'ensemble de tous les procédés géométriques et mécaniques de calcul peut se réduire au tableau suivant :

1º Calcul mécanique;
2º Calcul graphique;

(¹) On peut dire que, dans ces procédés de calcul, toute loi (νόμος) mathématique se trouve réalisée soit graphiquement, soit mécaniquement.

3° Calcul graphomécanique;
4° Calcul nomographique;
5° Calcul nomomécanique.

A chacun de ces calculs spéciaux, un Chapitre va être consacré dans la suite de cet Ouvrage.

Remarquons toutefois que certains d'entre eux ne sont pas toujours séparés, sur certains points, par une frontière nettement tranchée. En particulier, si tels nomogrammes, rentrant en principe dans la quatrième classe, sont réalisés sous une forme comportant un dispositif matériel propre à assurer les mises en contact sur lesquelles repose leur fonctionnement, ils peuvent être rattachés à la cinquième; c'est ainsi, par exemple, que nous avons reporté à cette classe les instruments logarithmiques que l'on peut, d'autre part, envisager comme des nomogrammes à systèmes cotés mobiles.

I. — CALCUL MÉCANIQUE.

LES INSTRUMENTS ARITHMÉTIQUES.

Nous appellerons *instruments arithmétiques* les appareils qui permettent d'effectuer manuellement les opérations de l'arithmétique, sans le secours d'aucun mécanisme proprement dit, constitué au moyen de ressorts, cames, engrenages, etc.

De tels instruments ont été imaginés dès la plus haute antiquité et chez tous les peuples. On doit, en effet, y rattacher l'antique *abacus romanum* ([1]), ainsi que les *bouliers*, très répandus en Europe pendant tout le moyen âge, et encore usités aujourd'hui sous des formes diverses, en Russie (*Stcholy*), en Chine (*Souan-pan*) ([2]) et au Japon (*Soro-Ban*) ([3]).

([1]) Voir *Description du cabinet de Sainte-Geneviève*, par Claude de Molinet (1692), p. 23, pl. I. — *Theatrum arithmetico geometricum*, par J. Leupold (1727), p. 8.

([2]) *Recherches sur l'origine de l'abaque chinois*, par A. Vissière, dans le *Bulletin de Géographie* (1892).

([3]) *Soroban or Japanese abascu*, par G. Knott, dans les *Trans. of the asiatic Soc.* (1886).

Le principe sur lequel reposent les instruments destinés à effectuer l'addition est le suivant :

Supposons une réglette graduée mobile devant un index fixe ; si l'on fait franchir successivement cet index par n divisions de la réglette, puis par les n' suivantes, et les n'' suivantes, etc., le nombre total des divisions qui auront finalement franchi l'index sera égal à la somme $n + n' + n'' + \ldots$ (1).

Fig. 4.

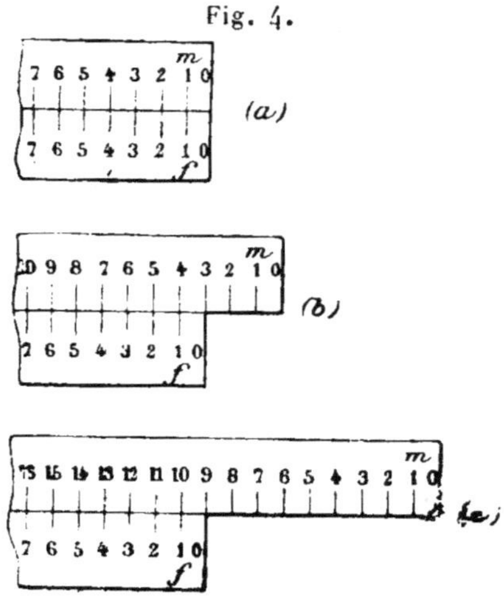

Pour appliquer ce principe, il suffit de prendre pour index le zéro d'une réglette fixe portant la même graduation que la réglette mobile et de faire glisser celle-ci le long de la première, en amenant chaque fois en face de l'index le trait de division de la réglette mobile placé en face du trait de la réglette fixe correspondant au nombre qu'on veut faire entrer dans l'addition.

Voici, par exemple, pour l'addition $3 + 6$, quelles seront les dispositions successives de la réglette mobile m par rapport à la réglette fixe f (*fig.* 4).

---

(1) Ce principe est, au fond, identique à celui que l'on applique en cumulant les points faits au billard au moyen de boules enfilées sur une tringle ou, plus simplement, en comptant sur ses doigts.

Ce principe très simple peut s'appliquer aussi bien au moyen d'un disque circulaire tournant à l'intérieur d'un cercle gradué qu'au moyen de deux réglettes (¹).

En l'employant à additionner des nombres un peu plus grands, on serait conduit à avoir des réglettes de dimensions incommodes. Mais on peut se contenter de donner à celles-ci dix divisions graduées de o à 9, en plaçant plusieurs systèmes semblables les uns à côté des autres et faisant correspondre le premier à droite aux unités, le second aux dizaines, le troisième aux centaines, etc. Cette disposition se trouve déjà dans un appareil existant au Conservatoire des Arts et Métiers, qui a été construit en 1720 par un inventeur du nom de Caze (²) et où l'on rencontre déjà l'emploi des chiffres complémentaires pour la soustraction.

Elle peut d'ailleurs être appliquée au moyen d'un anneau glissant sur la périphérie d'un disque, ainsi que cela a lieu dans les appareils de Lagrous (³) (1828) et de Briet (⁴) (1829).

Le point délicat consiste, lorsqu'il s'en présente, à faire passer les retenues d'une colonne à la suivante. Une remarque ingénieuse permet d'opérer ce report sans que le maniement de l'appareil se complique le moins du monde (⁵), Cette

---

(¹) Au lieu d'une réglette mobile glissant le long d'une règle fixe, on peut user d'un ruban sans fin, perforé, glissant sous un écran percé de fenêtres chiffrées, dispositif qui se rencontre dans le *Bassett adder*.

(²) Elle figurait auparavant dans la machine de Perrault (1666), déjà dotée d'un report mécanique des dizaines.

(³) *B. S. E.*, 1828, p. 394.

(⁴) *Description des brevets dont la durée est expirée*, t. XXIX, p. 336.

(⁵) Voici quelle est cette remarque : supposons qu'après avoir fait avancer la réglette m de a divisions, on ait à la faire avancer de b divisions et que $a + b$ soit supérieur à 10. Le chiffre des unités de la somme sera $a + b - 10$. Or, si l'on ramène le trait de m qui prolonge le trait b de f en face du trait 10 de la réglette f, c'est-à-dire si l'on repousse m de $10 - b$ divisions en arrière, le trait de m qui vient en face du o de f est celui qui a pour cote $a - (10 - b)$ ou $a + b - 10$, c'est-à-dire le chiffre des unités cherché; on n'a plus, après cela, pour la retenue, qu'à faire avancer d'une unité la réglette m des dizaines. C'est là ce qu'on obtient avec le dispositif ci-dessus visé.

remarque, appliquée dès 1847 dans l'appareil Kummer (¹),
l'est encore dans l'*arilhmographe* de Troncet, sous la forme
que voici :

Pour écrire un chiffre dans une des colonnes, on introduit
la pointe du style dans le creux qui se trouve en face de ce
chiffre inscrit sur le bord de la fente correspondant à cette
colonne. Si les dents qui comprennent ce creux sont blanches,
on parcourt la fente avec le style de haut en bas jusqu'à
ce qu'on heurte le butoir inférieur. Si, au contraire, les dents
sont noires, ou rouges, on parcourt la fente de bas en haut
en poussant jusqu'à l'extrémité de la partie recourbée en
forme de crosse.

Cela posé, on n'a qu'à prendre successivement chacun des
nombres à additionner, et à écrire, par le procédé qui vient
d'être indiqué, le chiffre de ses unités dans la première colonne
de droite, celui des dizaines dans la seconde, celui des centaines
dans la troisième, etc.; le total s'inscrit dans les lucarnes
inférieures. Pour la soustraction, on opère de même, après
avoir fait paraître le plus grand nombre dans les lucarnes
supérieures où, d'ailleurs, s'inscrira aussi le reste.

De nombreuses variantes de ce genre d'additionneur ont
été produites dans la période contemporaine : *Addialor,
Rebo, Procalculo, Francia, Picma* (pour les monnaies anglaises); *Hora* (pour les heures, minutes, secondes et cin-
quièmes, etc.) (²). L'*arilhmographe* de L. Cabrol, à coulisses
curvilignes, est aussi fondé sur le même principe (³).

Dans d'autres variétés de ces additionneurs, dues à MM. Dia-
koff (⁴) et Ch. Webb (⁵) (*Ribbon's adder*), les réglettes sont
remplacées par des rubans s'enroulant sur des cylindres.

(¹) **14**, p. 14. Cet appareil figure d'ailleurs dans la collection du Conservatoire des Arts et Métiers.

(²) Addiator et Hora sont à deux faces, l'une d'elles s'appliquant à
l'addition, l'autre à la soustraction.

(³) **13** (*Supplément*), p. 5. — **14**, p. 25 (**6**, p. 230).

(⁴) **14**, p. 191.

(⁵) *Cosmos*, t. 55, 1906, p. 566.

En combinant l'emploi d'un additionneur comme ceux dont il vient d'être parlé avec celui d'une table de multiplication condensée, telle que celles de Néper ou de Genaille dont il a été question plus haut (p. 7 et 10), on obtient un procédé de multiplication assez rapide.

D'autres appareils ont été imaginés en vue de fournir les produits partiels tout disposés pour l'addition.

Tel est le cas du *tableau multiplicateur-diviseur* de Léon Bollée (¹), fondé sur une combinaison des bâtons de Néper avec un double jeu de réglettes mobiles croisées à angle droit.

Lorsqu'on a inscrit l'un des facteurs au moyen des réglettes longitudinales et l'autre facteur au moyen des réglettes transversales, on n'a qu'à additionner, dans le sens dela diagonale descendant de droite à gauche, tous les chiffres visibles sur le tableau pour avoir le produit.

Avec un tel dispositif, on peut estimer que la rapidité de la multiplication est triplée par rapport au procédé ordinaire.

On peut aussi, ayant formé les produits partiels sur un premier tableau, les reporter sur un additionneur où on les totalise. Dans l'appareil de Michel Rous (²) (1869) les produits partiels sont donnés par des cylindres analogues à ceux de Schott, sur lesquels la lecture est guidée par des bandes de couleurs diverses, et leur somme s'obtient au moyen d'un boulier ou encore de rondelles chiffrées. C'est aussi sur l'emploi d'un boulier qu'est fondé l'appareil d'Esersky (³) (1872).

Dans d'autres instruments, le tableau multiplicateur est accolé à un additionneur à coulisses. Tel est le cas du dernier modèle de l'arithmographe Troncet (*fig.* 5) (⁴).

On doit encore rattacher à la catégorie des appareils où

(¹) Ce tableau multiplicateur-diviseur figure dans les galeries du Conservatoire des Arts et Métiers à côté d'un autre petit appareil multiplicateur du même inventeur, constitué par un écran percé de fenêtres, mobile devant des cylindres parallèles chiffrés.

(²) *B. S. E.*, 1869, p. 137. — 6, p. 235.

(³) 6, p. 235.

(⁴) *C. R.*, 30 mars 1903, p. 807.

l'additionneur est accolé au multiplicateur, celui de Poppe ([1]) (1876), dont les dispositions sont d'ailleurs différentes de celles des deux précédents très voisins l'un de l'autre.

La question se posait toutefois de totaliser automatiquement les produits partiels au fur et à mesure de leur formation sans avoir à les retranscrire. Ce problème a encore été résolu par Genaille dans un appareil dont le modèle a été déposé dans

Fig. 5.

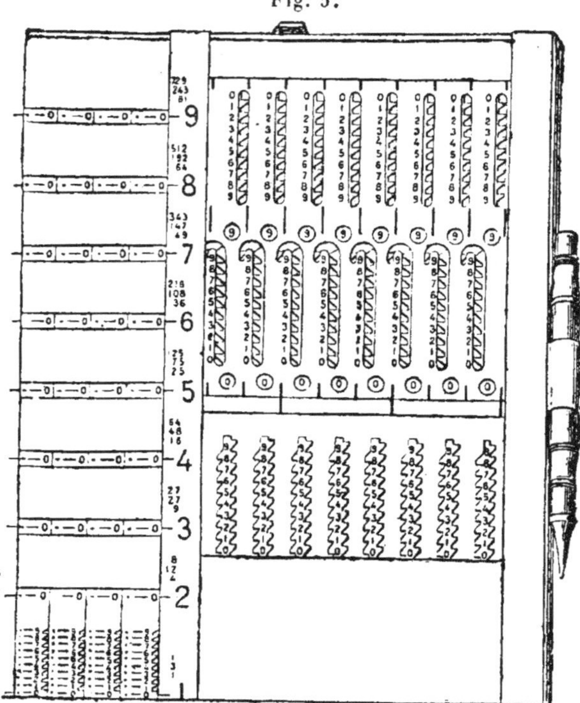

une vitrine du Conservatoire des Arts et Métiers. Les réglettes dont il se compose, et qui peuvent être déplacées dans le sens de leur longueur, portent, à leur partie inférieure, une échelle spéciale, qu'on peut appeler *échelle de glissement*, et un *index*.

Le multiplicande étant écrit avec les réglettes, on opère avec le chiffre des unités du multiplicateur comme dans le

---

([1]) *P. J.*, 1877, p. 152. — **6**, p. 233.

cas des réglettes Genaille ordinaires; mais, au fur et à mesure qu'on lit un chiffre au sommet d'un triangle porté par une de ces réglettes, on fait glisser celle-ci de façon que son index vienne prolonger le trait qui correspond à ce chiffre dans l'échelle de glissement de la réglette précédente. Avec cette nouvelle disposition des réglettes, on opère encore de même au moyen du chiffre des dizaines du multiplicateur, etc.; et, à chaque fois, le premier chiffre à droite du résultat donne un chiffre du produit. Lorsqu'on opère avec le chiffre des unités de l'ordre le plus élevé du multiplicateur, on ne fait plus aucun glissement et l'on relève les chiffres donnés par toutes les réglettes; ils complètent le produit dont les chiffres précédents ont été obtenus un à un.

Avec un peu d'habitude, cette opération se fait très rapidement. Genaille l'a rendue encore plus aisée en remplaçant les positions successives prises par chaque réglette dans son mouvement longitudinal, par des feuillets superposés débordant les uns sur les autres et numérotés au moyen des chiffres placés à côté des traits correspondants de l'échelle de glissement du cas précédent.

Indépendamment des recherches de Genaille, Léon Bollée, dont la belle machine à multiplier sera mentionnée plus loin, a construit également un instrument permettant d'effectuer directement le produit, l'un par l'autre, de deux nombres de plusieurs chiffres (¹).

Cet instrument est composé de réglettes analogues à celles de Genaille, également disposées en feuillets superposés, et d'un additionneur du genre de celui qui se trouve dans l'arithmographe de Troncet, à cette différence près qu'on y a supprimé les teintes appliquées sur les dents des crémaillères et destinées à indiquer d'avance le sens dans lequel on doit déplacer la languette mobile; faute de cette indication, on pousse *toujours* de bas en haut comme si l'on voulait amener la pointe dont on se sert à l'extrémité de la crosse; si, avant d'avoir achevé ce mouvement, on sent un butoir y faire

---

(¹) *Voir,* sur cet appareil, le rapport du colonel Sebert (*B. S. E.*, 1895, p. 977).

obstacle, on ramène la pointe jusqu'au bas de la rainure.

Cet appareil est d'ailleurs apte à effectuer toutes les opérations fondamentales de l'arithmétique, y compris l'extraction de la racine carrée.

Le modèle que représente la figure 6 permet d'obtenir un produit de 14 chiffres avec un multiplicateur de 6 chiffres.

La manipulation en est simple. Ayant marqué le multiplicateur au moyen des feuillets mobiles (en laissant apparents ceux dont les numéros juxtaposés forment les chiffres de ce

Fig. 6.

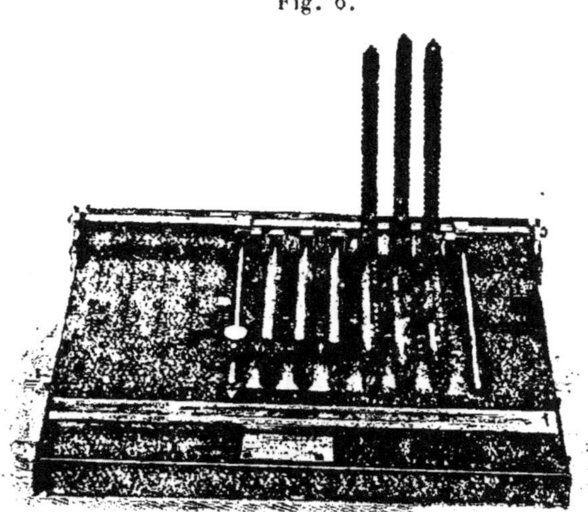

multiplicateur), on agit sur les réglettes additionnantes, comme il a été dit ci-dessus, en les piquant dans toutes les encoches numérotées au moyen du chiffre correspondant du multiplicande, et ayant soin, pour passer d'un ordre décimal au suivant, de faire avancer d'un cran vers la gauche la partie mobile qui porte les feuillets superposés.

Au fur et à mesure qu'augmente le nombre des chiffres sur lesquels porte l'opération, on voit que la manœuvre s'allonge. Pour atteindre à une très grande rapidité, l'intervention de mécanismes s'impose nécessairement; de là, l'utilité des machines que nous allons maintenant examiner.

LES MACHINES ARITHMÉTIQUES.

MACHINES A OPÉRATIONS SIMPLES.

Schéma général des machines arithmétiques.

Pour rendre plus claires les explications qui vont suivre, nous commencerons par tracer une sorte de schéma général des machines arithmétiques (¹).

L'organe essentiel de toute machine de ce genre est ce que nous proposerons d'appeler le *chiffreur*; il consiste en un cylindre circulaire droit, mobile autour de son axe et portant une chiffraison de o à 9 disposée régulièrement le long d'un cercle tracé soit sur une de ses bases, soit sur sa surface latérale, et dont un seul chiffre apparaît à la fois à une lucarne pratiquée à cet effet dans une platine fixe sous laquelle tourne le cylindre.

Il arrive, au reste, parfois que cette chiffraison de o à 9 se répète plusieurs fois sur le pourtour du chiffreur.

Si le chiffre n se trouve tout d'abord dans la lucarne et que l'on fasse tourner le cylindre d'une, de deux, de trois, etc. des fractions de tour qui correspondent à chaque chiffre (nous dirons plus simplement d'une, de deux, de trois, ... *unités*) dans le sens contraire à celui de la chiffraison, le chiffre qui apparaîtra à la lucarne sera le chiffre des unités de $n + 1$, $n + 2$, $n + 3$, ...

Supposons de tels chiffreurs placés les uns à côté des autres, de façon que les chiffres lus à leurs lucarnes respectives forment, par leur ensemble, un certain nombre écrit dans le système décimal. Ce système de chiffreurs constituera alors un *totalisateur*.

Si les chiffres lus respectivement aux lucarnes des unités, des dizaines, des centaines, etc., sont a_0, a_1, a_2, ..., a_p, on se trouve avoir ainsi inscrit, en numération décimale, le nombre

---

(¹) Une étude historique sur l'origine de ces machines se rencontre dans l'Ouvrage 17 qui contient de nombreux et curieux renseignements.

figuré par

$$a_p \ldots a_2 a_1 a_0.$$

Si l'on fait tourner ensuite les chiffreurs correspondants respectivement de b_0, b_1, b_2, …, b_p unités, les nouveaux chiffres qui se lisent aux lucarnes sont ceux de la somme des nombres $a_p \ldots a_2 a_1 a_0$ et $b_p \ldots b_2 b_1 b_0$, *abstraction faite des retenues*. Pour tenir compte de celles-ci, il faut, lorsque sur un chiffreur, on a, au cours de cette opération, franchi l'intervalle du chiffre 9 au chiffre o (ou, si l'on veut, l'*origine de la chiffraison*), faire avancer d'une unité le chiffreur suivant dans l'ordre décimal ascendant.

Deux variantes principales sont d'ailleurs à envisager dans la disposition relative des chiffreurs : dans l'une d'elles, ces chiffreurs tournent autour d'axes parallèles, situés dans un même plan ou sur un même cylindre de révolution; dans l'autre, ils tournent individuellement autour du même axe.

Dans le premier cas, où le totalisateur peut être dit *muliaxial*, *droit* ou *circulaire*, la chiffraison de chaque chiffreur est faite soit sur une des bases, soit sur la surface latérale du cylindre qui le constitue, mais avec les chiffres inscrits *dans le sens des génératrices*.

Dans le second cas, où le totalisateur peut être dit *uniaxial*, les chiffres, inscrits nécessairement sur la surface latérale de chaque cylindre, sont dirigés *perpendiculairement aux génératrices*.

Pour que l'appareil soit, à proprement parler, une machine, il faut que le report des retenues s'effectue automatiquement sans que l'opérateur ait à y porter son attention; le mécanisme approprié, qui doit se répéter dans chaque intervalle de deux chiffreurs consécutifs, est le *reporteur*.

Un totalisateur n'est mécaniquement constitué que lorsqu'il comporte de tels reporteurs.

Pour faire tourner rigoureusement chaque chiffreur du nombre d'unités voulu, on a recours à un dispositif spécial adapté à chacun de ces chiffreurs et qui peut être dit son *actionneur*. Chacun de ces actionneurs peut être mû individuellement et, de fait, il en est ainsi dans un certain nombre de machines, et, plus particulièrement, dans les anciennes destinées à faire les additions; mais on conçoit également qu'une fois les divers actionneurs disposés en vue de commander chacun la rotation du nombre voulu d'unités, on puisse les faire mouvoir, simultanément, au moyen d'un mécanisme unique qui est dit alors l'*entraîneur*.

Enfin, si l'on veut, à la fin de chaque opération, ramener automatiquement tous les chiffreurs à o, il faut munir la machine d'un mécanisme spécial dit *effaceur*.

Appropriation aux diverses opérations arithmétiques.

Nous n'avons parlé jusqu'ici que du moyen d'effectuer des additions soit individuelles ($a + b = c$), soit successives ($a + b + c + d + ... + k = l$).

S'il s'agit de faire des soustractions individuelles ($a - b = c$) ou successives ($a - b - c - d - ... - k = l$), tout ce qui vient d'être dit peut être maintenu, à la seule différence près que la rotation de chaque chiffreur soit de même sens que sa chiffraison, au lieu d'être de sens contraire comme dans le cas précédent.

Pour réaliser cette condition en conservant la machine telle qu'elle vient d'être décrite, il faut changer le sens de la chiffraison des chiffreurs tout en maintenant celui de leur rotation, ou *vice versa*. Dans la première hypothèse, il suffit, à la première chiffraison, d'en accoler une seconde, de sens contraire, se mouvant sous une seconde lucarne de telle sorte que, seules, les lucarnes correspondant, pour les divers chiffreurs, soit à l'addition, soit à la soustraction, soient simultanément ouvertes ou fermées. Dans la seconde hypothèse, le mécanisme doit être combiné de telle sorte que l'on puisse renverser le sens de la rotation des chiffreurs sans que les reporteurs cessent de fonctionner.

Suivant l'une ou l'autre de ces hypothèses, nous dirons que les chiffreurs ne sont pas ou sont *réversibles*.

Toutefois, s'il s'agit d'effectuer des soustractions combinées avec des additions, comme cela se produit souvent ($a + b + c - d - ... + k = l$), l'emploi d'une chiffraison différente pour l'addition et pour la soustraction (première variante indiquée ci-dessus) ne peut convenir et il semblerait, à première vue, que la soustraction dût être réservée aux seules machines munies de chiffreurs réversibles.

Mais, grâce à un artifice très simple, on peut utiliser les chiffreurs non réversibles à simple chiffraison, de sorte que, comme il n'existe plus, parmi les machines actuelles, de chiffreurs à double chiffraison, une pour l'addition et l'autre pour la soustraction, on peut dire que toutes les machines susceptibles d'additionner peuvent également soustraire.

Cet artifice, dit « des compléments » consiste, si l'on dispose d'une machine à n chiffreurs, à additionner le complément à 10^n du nombre à soustraire.

Le résultat cherché $[a + (10^n - b)]$ et le résultat trouvé ne diffèrent que par 10^n, c'est-à-dire une unité dans la $(n + 1)^{\text{ième}}$ colonne qui n'apparaît pas puisque la machine n'a que n chiffres.

Pour former le nombre $(10^n - b)$, il suffit de prendre, dans chacune des n colonnes décimales de la machine, le complément à 9 du chiffre correspondant du nombre à soustraire, sauf à le prendre à 10 pour le dernier chiffre significatif.

Le nombre à soustraire ayant généralement moins de n chiffres, le complément comporte à la gauche, autant de 9 qu'il faudrait inscrire de zéros à gauche du nombre à soustraire pour l'amener à avoir n chiffres.

Si, au lieu d'enregistrer ainsi des 9 dans toute la partie à gauche du complément proprement dit du nombre à soustraire, on omet un ou plusieurs 9, ce qui revient à considérer le complément à 10^{n-1} ou 10^{n-2}, par exemple, au lieu de 10^n, il en résultera une unité d'ordre $n - 1$ ou $n - 2$ qui restera visible.

Cette propriété est utilisée, en particulier, pour enregistrer automatiquement le diviseur dans les divisions opérées sur les machines où la soustraction se fait par les compléments, car il apparaît ainsi une unité dans la colonne à gauche du dernier 9 pour chaque soustraction effectuée, ce qui a, par conséquent, pour effet de les compter.

La multiplication peut être effectuée par additions répétées, de même que la division par soustractions répétées jusqu'à ce que le reste devienne inférieur au diviseur.

Il va sans dire, d'ailleurs, que ces répétitions ne se font pas toutes à partir des unités, du multiplicande ou du dividende, mais successivement à partir des divers ordres décimaux, les nombres de fois voulus par les chiffres successifs du multiplicateur ou la valeur du diviseur.

On conçoit, *a priori* que pour ces diverses répétitions, l'emploi d'un entraîneur simplifie grandement l'opération puisque, dans chaque position relative des chiffreurs, il fait fonctionner à la fois tous les actionneurs de la quantité voulue. On verra toutefois plus loin que, moyennant certaines conditions parfois remplies, cette plus grande simplicité de manœuvre ne s'accompagne pas toujours d'une plus grande rapidité.

Grâce aux définitions qui viennent d'être posées, il va nous être possible de donner, en quelques mots, une idée suffisamment précise des diverses variétés de machines arithmétiques, en nous bornant, au reste, pour chacune d'elles, à quelques types bien caractéristiques.

Machines sans entraîneur.

Totalisateur multiaxial à actionneurs simples.

C'est à ce type qu'appartient la première en date de toutes

Fig. 7.

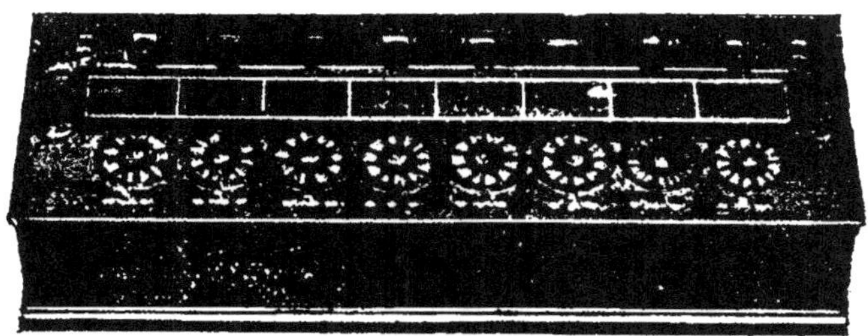

les machines à calculer (abstraction faite des instruments,

sans mécanisme proprement dit, rappelés plus haut), celle de Blaise Pascal, dont l'invention remonte à 1642 ([1]).

Les figures 7 et 8 donnent son aspect extérieur et une vue horizontale de ses organes mécaniques.

Fig. 8.

L'actionneur de chaque chiffreur est constitué par les rais mobiles d'une roue à jante fixe portant une chiffraison de o à 9, et munie d'un butoir sur la ligne de séparation des cases o et 9 (*fig. 9*).

Un style, dit par Pascal *directeur*, introduit dans la case correspondant à un chiffre quelconque inscrit sur la jante, avec lequel on pousse le rais voisin, dans le sens décroissant

---

([1]) Quatre des modèles primitifs de cette machine existent au Conservatoire des Arts et Métiers. L'un d'eux porte la signature de Pascal lui-même, l'autre une formule d'hommage à l'Académie des Sciences, écrite et signée par son neveu, le chanoine Périer, fils de sa sœur Gilberte. Une description détaillée de la machine a été donnée par Diderot dans la *Grande Encyclopédie* (t. I, p. 680). Elle a été reproduite dans l'*Encyclopédie méthodique* (t. I, p. 136) et dans les *Œuvres complètes de Pascal* (Ed. de la Haye, t. IV, 1779, p. 34). On peut aussi consulter le *Recueil des machines approuvées par l'Académie des Sciences* (t. IV, p. 137). Une notice historique fort intéressante sur la machine de Pascal a paru, sous la signature de M. F. Bouquet, dans la livraison d'août 1899 d'un recueil rouennais : *La Normandie* (t. VI, p. 385).

de la chiffraison, jusqu'au butoir, fait tourner le système des rais et, par suite, le cylindre chiffreur auquel il est invariablement lié, du nombre d'unités marqué par ce chiffre.

Fig. 9.

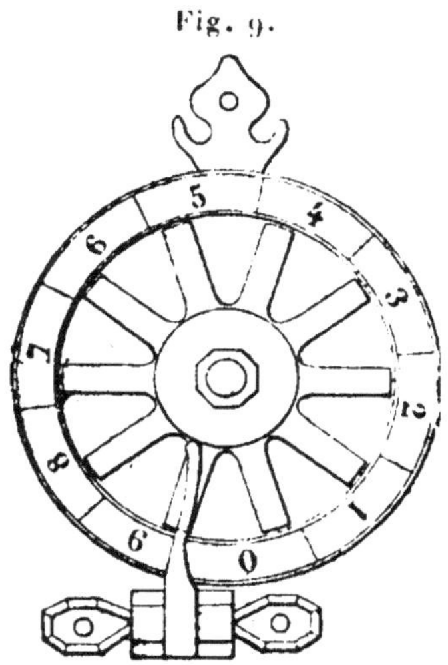

Le point capital de l'invention résidait dans le dispositif du reporteur dont l'introduction conférait à l'appareil la qualité d'une véritable machine.

N'écrivant pas ici pour des spécialistes de la Mécanique appliquée, nous nous contenterons d'indiquer en gros comment était constitué ce reporteur que Pascal appelait le *sautoir* : un peu avant le passage au butoir de l'origine du chiffreur (point de séparation du 9 et du o sur ce chiffreur), le mouvement du cylindre provoquait la montée, autour d'un axe horizontal, d'un poids qui, déclenché au moment précis de ce passage, déterminait, par l'intermédiaire d'un cliquet convenablement placé, une avancée d'une unité pour le chiffreur immédiatement voisin à gauche.

Un tel reporteur ne pouvant fonctionner que dans un seul sens de rotation des chiffreurs, la machine de Pascal n'est pas réversible et comporte une série de lucarnes dont une moitié se rapporte à l'addition, l'autre à la soustraction, une seule de ces moitiés pouvant à la fois être rendue visible au moyen d'un écran glissant, que l'on distingue sur la figure 7, où il laisse à découvert les lucarnes de l'addition.

Les dispositions auxquelles s'était arrêté Pascal ont été modifiées par divers chercheurs : Lépine ([1]) (1725), Hillerin de Boistissandeau ([2]) (1730). D'autres dispositions s'écartant davantage de celles-ci, quoique reposant sur la même idée de principe, ont été imaginées par Sir Samuel Moreland ([3]) (1663), le marquis Poleni ([4]) (1709), Gersten ([5]) (1735). Ce n'est qu'en 1841, dans le modèle définitif de l'additionneur du Dr Roth ([6]) que la conception première de Pascal a pris, au point de vue pratique, une forme vraiment satisfaisante ; les chiffreurs, constitués par de simples disques portant la chiffraison le long de leur bord, permettaient de réduire sensiblement les dimensions de l'appareil ; mais le perfectionnement le plus sensible, au point de vue mécanique, se rencontrait dans le reporteur puisant son énergie dans la tension d'un ressort armé par la rotation de o à 9 du chiffreur correspondant, et se détendant au moment du passage de 9 à o.

Parmi les machines modernes qui peuvent être rattachées à la lignée de celle de Pascal, on peut encore citer le *Samoslcholy* de Bouniakovsky ([7]) (1867), l'additionneur à deux cercles de C.-H. Webb ([8]) (1868), celui à crémaillère de

---

([1]) *Machines approuvées par l'Académie des Sciences*, t. IV, p. 131. Il nous a été donné de voir un exemplaire de cette machine dans l'atelier Payen où se construisait alors l'arithmomètre Thomas décrit plus loin.

([2]) *Machines approuvées par l'Académie des Sciences*, t. V, p. 103.

([3]) *Description et usage de deux instruments d'arithmétique*, Londres, 1673. La seconde de ces machines était destinée à la multiplication. Montucla, qui donne cette indication dans ses *Récréations mathématiques*, estime que Moreland n'avait pas eu connaissance de la machine de Pascal.

([4]) *Philos. Trans.*, vol. IX, n° 438.

([5]) *Miscellanea Veneliis*, 1709, p. 27.

([6]) *B. S. E.*, 1843, p. 411.

([7]) **14**, p. 53.

([8]) *Amer. Scient.*, 1869, p. 20, et *J. Franklin Institute*, 1870, p. 8 (6, p. 241). Cet appareil, qui a été connu sous le nom d'*additionneur-éclair*, se compose de deux cercles tangents extérieurement, correspondant l'un aux 100 premières unités, l'autre aux centaines. Ils sont

Leiner (¹) (1878), enfin l'appareil de G. Orlin (²) (1892) qui fonctionne au moyen de vis engagées dans des écrous qu'on peut déplacer longitudinalement sans rotation.

A l'additionneur de Roth peuvent être rattachés l'*Addier-maschine* de Baum et le *Conto* d'Aumund.

L'énergie s'accumulant régulièrement au cours de la rotation de o à 9 (soit à peu près à raison de $\frac{1}{9}$ de l'énergie totale requise, par rotation d'un chiffre, quel que soit ce chiffre), il en résulte une grande régularité de fonctionnement, par comparaison avec la machine de Pascal où l'armement du sautoir se fait pendant un peu moins d'une demi-révolution.

Cette facilité de fonctionnement de l'additionneur de Roth a permis à l'inventeur de fonder précisément son système de remise à zéro sur la souplesse du reporteur en disposant, sur le côté de la machine, un bouton commandant une crémaillère qui, lorsqu'on le tire, et quels que soient les chiffres d'abord inscrits dans les lucarnes, fait apparaître dans chacune d'elles le chiffre 9, par une rotation dans le sens normal, et ajoute ensuite une unité dans la première colonne à droite, ce qui, successivement, remplace chaque 9 par un o.

Totalisateur uniaxial à actionneurs simples.

En vue de réduire l'encombrement de la machine, il est clair qu'on devait avoir avantage à recourir à un totalisateur uniaxial, dont un premier exemple a été fourni, dès 1750, par la machine de J.-I. Pereire (³). Dans cette machine, les chiffreurs étaient constitués par des roues chiffrées sur la

---

enfermés dans une enveloppe métallique, qui épouse leur double contour extérieur, et qui est percée, aux environs de leur point de contact, d'une lucarne où apparaît le total. Il en existe deux exemplaires aux Arts et Métiers.

(¹) **14**, p. 65.

(²) **6**, p. 243. L'emploi d'écrous analogues à ceux de la machine Orlin, se rencontre déjà dans un petit appareil de Smith et Pott qui ne se prête d'ailleurs qu'à l'addition de nombres d'un seul chiffre [*Amer. Scient.*, t. XXIII, p. 214; *P. J.*, 1876, p. 401 (**6**, p. 243, note 173)].

(³) *Journal des Savants*, 1751, p. 508.

périphérie de leur jante et montées sur un même axe; à côté de ces chiffres, chaque roue portait autant de trous apparaissant dans une rainure correspondante du coffret renfermant le mécanisme, dont le bord était également chiffré; une aiguille introduite dans ces trous permettait de faire tourner chaque chiffreur du nombre d'unités voulu.

Une machine de même type a été proposée il y a quelques années [1] par un ingénieur italien, M. Fossa-Mancini, qui en a très heureusement combiné les dispositions mécaniques, imaginant notamment un ingénieux système pour contrebalancer l'effet des forces d'inertie lorsqu'on fait fonctionner la machine avec une aussi grande rapidité que l'on veut.

Mais, comme type plus particulièrement original de totalisateur uniaxial, on peut citer celui de Tchebichef (*fig.* 63 à 66) [2], dont les chiffreurs sont des tambours montés sur un même axe et portant sur leur périphérie la chiffraison de o à 9, trois fois répétée; chacun d'eux est actionné par une roue motrice, montée sur le même axe, qu'on peut faire tourner au moyen de doigts implantés sur sa tranche, correspondant aux chiffres 1, 2, ..., 9, marqués sur l'enveloppe cylindrique de l'appareil.

La principale caractéristique de l'additionneur de Tchebichef réside dans le fait que le report des dizaines s'y effectue de façon continue, chaque reporteur étant constitué par un train épicycloïdal de raison 10 (visible dans certains des intervalles entre les chiffreurs successifs sur la figure 63 qui représente le totalisateur retiré de son enveloppe).

Un tel dispositif pouvant fonctionner quel que soit le sens de la rotation, on voit qu'à l'encontre de tous ceux dont il a été question jusqu'ici, le totalisateur de Tchebichef est réversible. Toutefois, les retenues n'influant que graduellement sur la position des chiffreurs successifs, cette position diffère de celle qui se produirait dans une machine à report discontinu; mais, l'écart angulaire entre ces deux positions restant plus petit qu'un intervalle unitaire, il suffit, pour

---

[1] *A. P. C.*, 3ᵉ trim. 1900, p. 356.
[2] *Voir* p. 171 à 182.

permettre la lecture voulue, de pratiquer, dans l'enveloppe
du totalisateur, des lucarnes assez grandes pour qu'y paraissent
à la fois deux chiffres consécutifs de chaque chiffreur; la
lecture est guidée, entre les chiffres qu'il convient de retenir
comme figurant au résultat, par des bandes marquées en
blanc sur la périphérie de chaque chiffreur (*fig.* 63), qui
tiennent compte des écarts angulaires à observer dans la
position du chiffreur suivant (¹).

Dans le Burroughs-Calculator, le report des retenues, également effectué par un train épicycloïdal, a été complété par
un deuxième train épicycloïdal, dit « de correction de lecture »,
qui, grâce à l'intervention d'une came, remplace l'avance
progressive d'un chiffreur, au fur et à mesure de la rotation
complète du chiffreur précédent, par l'immobilité pendant la
rotation de celui-ci de o à 9 et le report entier (rotation d'un
dixième de tour) pendant son passage de 9 à o.

Ainsi, tous les chiffres du résultat se montrent exactement
alignés comme dans les machines précédentes.

Par contre, cette transformation prive le totalisateur de
l'avantage d'être réversible.

Actionneurs à touches.

Dans tous les totalisateurs jusqu'ici envisagés, les actionneurs étaient simples; autrement dit, l'opérateur imprimait,
à la main, la rotation voulue à chaque chiffreur, l'amplitude
de son geste, déterminée au moyen d'une chiffraison *ad hoc*,
étant simplement limitée par le heurt contre un butoir.
Mais on conçoit que la rotation voulue puisse être commu-
niquée au chiffreur par l'intermédiaire d'un mécanisme commandé par des touches correspondant aux différents chiffres
à faire entrer dans le total. On pourrait être tenté de ne voir
d'abord là qu'une sorte de complication superflue; mais on

(¹) Dans une machine de construction toute récente, dite *Direct*,
exactement fondée sur le principe du totalisateur de Tchebichef, un
organe additionnel permet de ramener tous les chiffres du total en
ligne droite.

aperçoit très vite le grand bénéfice à retirer au point de vue du fonctionnement de la machine, de cette plus grande complication introduite dans sa construction. Alors que l'intervention de la main tout entière est requise pour la mise en mouvement de chaque chiffreur, dans le cas des actionneurs simples, il suffit, dans le second cas, pour le même objet, d'un seul doigt appuyé sur une touche.

Cette idée de recourir à des touches semble avoir été réalisée pour la première fois dans une machine de V. Schilt [1] qui figurait à l'Exposition de Londres, en 1851. Elle réapparaît pour les additions portant sur des nombres composés d'un seul chiffre dans les machines de F. Arzberger [2] (1866), Stettner [3] (1882), Bagge [4] (1884), d'Azevedo (1884), Pététin [5] (1885), Max Mayer [6] (1886), Shohé Tanaka [7] (1893).

Une machine à touches, pourvue d'un mouvement d'horlogerie, était construite en 1873 par Bieringer et Hebetanz [8].

Mais c'est en Amérique que les machines à touches ont pris une forme vraiment pratique qui leur a permis de devenir l'objet d'une fabrication industrielle. Dans ces machines, à chaque ordre décimal correspond une colonne de neuf touches numérotées de 1 à 9. L'enfoncement d'une de ces touches suffit à faire entrer le chiffre qui y est inscrit dans la colonne correspondante. Dès qu'un nombre est marqué de cette façon, il suffit d'agir sur un levier disposé à cet effet pour ajouter

---

[1] **6**, p. 243, note 175.

[2] *Schweiz, Polyt. Zeitschr.*, 1866, p. 33. — **6**, p. 244, note 180; **14**, p. 51.

[3] **6**, p. 243, note 176.

[4] Pour cette machine et la suivante, voir *P. J.*, t. CCLX, 1896, p. 262.

[5] **14**, p. 67.

[6] *P. J.*, 1886, p. 263. — **14**, p. 62. Le premier brevet Mayer remonte d'ailleurs à l'année 1881 (**6**, p. 244, note 181).

[7] **6**, p. 244, note 180. Cette machine à cinq touches, pour les nombres de 1 à 5, est très évidemment la même que celle qui est décrite sans nom d'auteur par **14** (p. 69) sous la désignation de *centigraphe*.

[8] **11**, p. 19. Un brevet pour une machine analogue a été pris en 1890 par M. Cuhel (**6**, p. 265, note 230).

ce nombre à la somme déjà formée, et même pour l'imprimer sur une bande de papier qui se déroule sur la face postérieure de l'instrument. Tels sont le *comptometer* de Felt et Tar-

Fig. 10.

rant (¹) (1887) (*fig.* 10), le *Burroughs-calculator* (1888), la machine de Heinitz (²).

Dans la machine de Bahmann (³) (1888), la somme ne s'imprime pas mais est indiquée par les déplacements d'une aiguille, comme dans un compteur.

Selon qu'il y a une seule collection de touches, destinée à agir successivement sur chacun des chiffreurs, ou autant de

---

(¹) La machine imprimante de Felt et Tarrant a reçu le nom de *comptographe*. Le *comptometer* n'est pas imprimant; il permet de lire les totaux successifs à de petites lucarnes ménagées sur le devant de l'appareil.

(²) 6, p. 247. Cette machine est imprimante en même temps qu'elle fait apparaître les totaux successifs à des lucarnes comme le comptometer. M. Malassis, nous a fait voir le modèle en bois, construit de sa main, d'une machine de ce genre, imaginée par lui, qui présente des détails mécaniques fort intéressants et dont on aurait souhaité de voir exécuter un modèle définitif.

(³) 6, p. 246, note 182.

collections de touches que de chiffreurs ou d'ordres décimaux prévus pour les nombres à inscrire, pouvant agir, au besoin, simultanément sur plusieurs chiffreurs, on dit que les machines sont, soit à clavier « réduit » (ou « clavier à 10 touches »), soit à « clavier complet ».

Le clavier réduit se rencontre notamment dans des machines à écrire munies de totalisateurs : Remington-Wahl, Smith-Premier-Comptable, Elliott-Fischer, etc.

En plus du mécanisme normal à 10 touches, numérotées de o à 9, des machines à écrire ordinaires, ces machines à totalisateur possèdent une roue dentée jouant le rôle d'actionneur, et qui tourne à chaque enfoncement de l'une de ces touches, du nombre de dents égal au chiffre inscrit sur la touche.

Elles possèdent généralement, en outre, un totalisateur spécial, dénommé « cross », qui peut recevoir des sommes en addition ou en soustraction, par renversement de la marche, et dont la remise à zéro est effectuée par la soustraction de son propre contenu.

Intermédiaire entre les machines à clavier réduit et celles à clavier complet, la machine Runge ([1]) (1896) a été munie d'un dispositif qui permet, au moyen de deux rangées de touches seulement, de faire passer un chiffre quelconque dans une colonne quelconque. L'une de ces rangées sert à déterminer le chiffre à inscrire, l'autre la colonne dans laquelle il doit être dirigé.

Les machines à clavier complet font ressortir un avantage de plus de la substitution des touches au style nécessaire pour actionner les anciennes machines (dont la lignée se termine avec l'additionneur de Tchebichef), du fait que, pour l'introduction dans le totalisateur d'un nombre de moins de dix chiffres (et il est rare qu'en pratique on atteigne cette limite), tous les chiffreurs peuvent être mus *simultanément* par une pression des doigts, comme le sont, sur le clavier d'un piano, les touches répondant aux notes d'un accord donné.

([1]) *Zeitschr. für Math. und Phys.*, 1899, Supplément, p. 533 (6, p. 244, note 181).

Et même, par extension d'une forme de langage courante lorsqu'il s'agit du jeu du piano, on pourrait dire que chaque nombre à introduire dans la somme se trouve ainsi *plaqué* d'un seul coup sur la machine.

S'il s'agit d'effectuer la somme d'une longue suite de nombres, le gain de temps réalisé par l'emploi des touches saute aux yeux. On voit, en outre, combien se trouve facilitée par ce moyen l'exécution des multiplications : il suffit de plaquer, comme il vient d'être dit, le multiplicande, à partir des unités, des dizaines, etc., respectivement les nombres de fois voulus par le chiffre des unités, le chiffre des dizaines, etc., du multiplicateur. Ici intervient évidemment l'habileté manuelle de l'opérateur qui doit s'entraîner à jouer de son clavier comme un pianiste (de même que dans le cas des machines à écrire à totalisation ci-dessus décrites).

Mais une fois que, grâce à un entraînement suffisant, l'opérateur est devenu bien maître de son jeu, il peut — l'expérience l'a prouvé — gagner en vitesse, pour l'exécution des multiplications, les machines à entraîneur dont nous allons parler par la suite ([1]). Celles-ci toutefois conservent l'avantage de n'exiger qu'un apprentissage réduit au minimum de la part de celui qui veut s'en servir et d'être à l'abri des « fausses notes » qui, dans le cas des machines à touches, peuvent échapper à un exécutant trop fougueux.

Nous avons dit, plus haut, que les divers nombres entrant dans une addition étaient en quelque sorte « plaqués » sur le clavier. En réalité, ceci ne s'applique exactement qu'au cas de la multiplication, pour lequel, d'ailleurs, la possibilité d'une telle façon d'opérer est une condition de réalisation *sine qua non*; et si, aux premiers temps de l'apprentissage, la pose des chiffres pour l'addition se pratique de cette façon, l'opérateur ne tarde pas à se rendre maître de la méthode dite « du toucher » qui consiste à n'user que des seules touches

---

([1]) L'expérience a prouvé que, dans ces conditions, le temps d'une multiplication de 8 chiffres par 8 chiffres peut tomber aux environs de 5 secondes (qui est le temps que durent les six points musicaux par lesquels la T. S. F. transmet l'heure).

de 1 à 5, quitte à enfoncer deux fois la touche 3 pour enregistrer 6, ou les touches 4 et 3, successivement pour 7, etc. Le contact des touches paires (différent au doigt de celui des touches impaires) et le faible écart des doigts, nécessaire pour atteindre ces diverses touches, permettent de fixer la main et de travailler sans regarder le clavier. Comme au piano, on suit des yeux le document sans avoir à les reporter sur le clavier, ce qui est à la fois fatigant et préjudiciable au rendement.

Quant à la réalisation du mécanisme d'un tel actionneur, on peut la réduire schématiquement à ce qui suit : les touches étagées en colonne, au droit de chaque chiffreur, permettent d'exercer des pressions en divers points d'un levier portant à son extrémité un secteur denté engrenant avec une roue solidaire du chiffreur; suivant le point où ce levier est pressé par l'abaissement d'une touche, la course du secteur denté est d'une, deux, ..., ou neuf dents, faisant tourner le chiffreur d'autant d'unités. Tel est notamment, du moins en gros, le dispositif qui se rencontre dans le *complometer* Felt et Tarrant ([1]) et le *Burroughs-Calculator*.

Ces machines sont munies d'un effaceur qui, d'un seul coup de levier, opère la remise à zéro. Primitivement ce levier agissait comme l'effaceur de l'additionneur de Roth par mise à 9 dans toutes les colonnes (rotation dans le sens normal) suivi de l'addition d'une unité dans la première colonne de droite. Le dispositif adopté maintenant est la remise à zéro directe, par rotation dans le sens inverse du sens normal.

Au point de vue de la soustraction, ces machines n'offrent pas de dispositifs spéciaux, mais chaque touche y porte, en plus petits caractères, le complément du chiffre servant pour l'addition, ce qui facilite sensiblement l'emploi de la méthode des compléments indiquée plus haut (p. 32).

([1]) Tous les usages auxquels peut se prêter le comptometer sont décrits en détail dans le beau volume intitulé : *Applied mechanical Arithmetic as pratised on the complometer* (Felt et Tarrant, Chicago, 1914).

Un guide de l'opérateur avait été précédemment donné par H. Goldman sous le titre de : *The Arithmachinist a practical self-instructor in mechanical Arithmetic* (Chicago, 1898).

Machines avec entraîneur.

Pignon à dents d'inégale longueur.

Nous avons déjà signalé l'intérêt qu'il y a à munir la machine d'un entraîneur propre à imprimer *simultanément* aux divers chiffreurs les rotations voulues, en vue de faciliter l'exécution des multiplications et divisions.

Fig. 11.

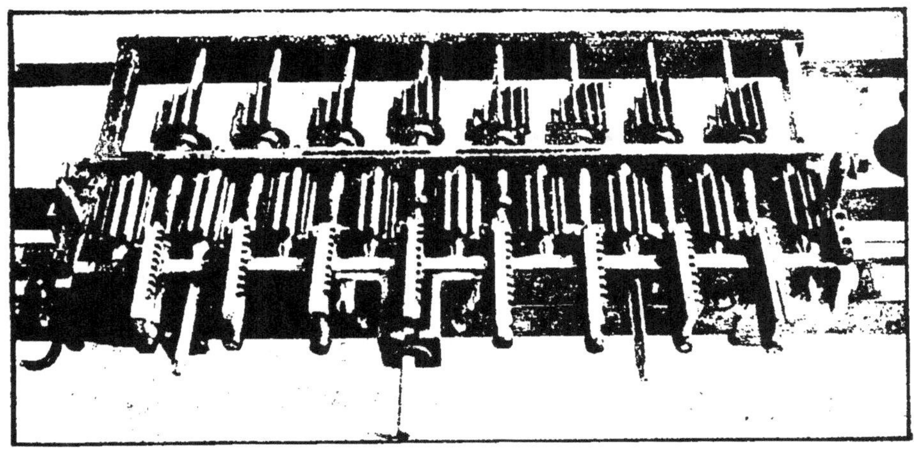

Le moyen le plus anciennement proposé à cet effet est celui que Leibniz avait imaginé dès 1671; il consiste à déterminer la rotation de chaque chiffreur en faisant engrener une roue solidaire de son axe avec un pignon muni de neuf dents dont les longueurs inégales croissent en progression arithmétique; suivant que, grâce à un dispositif approprié, la mise en prise de la roue et du pignon se fait dans la partie où celui-ci offre une, deux, ..., ou neuf dents, le chiffreur avance d'une, deux, ..., ou neuf unités. D'ailleurs, un arbre de couche commandé par une manivelle communique à la fois son mouvement de rotation à tous les pignons, chacun de ceux-ci faisant, en même temps que lui, un tour entier.

Il n'est que juste, nous le répétons, de faire honneur de la première conception de cet artifice à Leibniz; mais, aucun des deux modèles dans lesquels l'illustre géomètre chercha à l'appliquer, en 1694 et 1706, ne put se prêter à un fonctionnement pratique. La figure 11 fait connaître

Fig. 12.

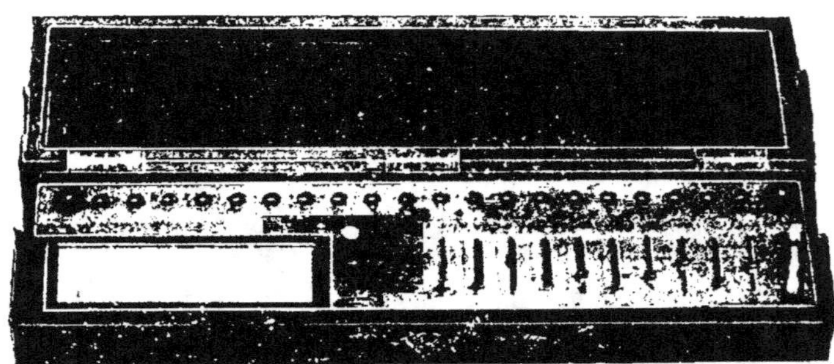

la partie essentielle du mécanisme de la première machine de Leibniz, encore existante à la Bibliothèque de Hanovre ([1]); la seconde a disparu.

L'idée d'utiliser le pignon à neuf dents se retrouve dans d'autres essais plus ou moins perfectionnés, dus au curé wurtembergeois M. Hahn ([2]) (1774), à Lord Mahon, comte de Stanhope ([3]) (1775), à l'officier du génie hessois J.-H. Muller ([4]) (1784) (*fig.* 14), à l'horloger polonais

---

([1]) *Miscell. Berolin.*, 1710, p. 317; et *Leibnitii Opera*, 1768, t. III, n° 74. La machine de Leibniz a fait l'objet d'une communication développée de M. Runge au *troisième Congrès international des mathématiciens*, tenu à Heidelberg en 1904. En analysant, dans le *Bulletin astronomique* (1894, p. 419), la première édition du présent Ouvrage, M. Radau a donné une description assez détaillée de cette machine.

([2]) *Deutsch-Merkur*, de Wieland, mai 1779, p. 137. Un Ouvrage a été récemment consacré à Mathieu Hahn par M. Engelmann (Berlin, 1923).

([3]) *Philos. Mag.*, 1885, p. 16.

([4]) *Deutsch-Merkur*, de Wieland, mars 1784, p. 269.

La machine de Muller existe encore au Musée de Darmstadt. Les écoles techniques supérieures de Berlin et de Munich possèdent des

A. Stern ([1]) (1814), à un autre de ses compatriotes J.-A. Staffel ([2]) (1845).

Mais ce n'est qu'en 1820 que la même idée s'offrant à l'esprit du financier Thomas, de Colmar (qui, très vraisemblablement, n'avait aucune connaissance des essais antérieurs), donna naissance à l'*arithmomètre*, aujourd'hui classique, qui a constitué le premier type vraiment industriel de machine à calculer ([3]) (*fig.* 12). Sans entrer dans de grands détails au sujet de cette machine, nous ne croyons pourtant pas pouvoir nous dispenser de signaler ici ses principales caractéristiques qui ont inspiré nombre de dispositions analogues, plus ou moins perfectionnées, dans les machines construites ultérieurement.

Pour établir la mise en prise de la roue dentée, solidaire du chiffreur, et du pignon à dents d'inégale longueur, au point voulu, cette roue dentée peut être déplacée le long d'un arbre à section carrée qui transmet sa rotation au chiffreur. Un bouton solidaire de cette roue glisse dans une rainure portant une chiffraison de o à 9 telle qu'à la hauteur du chiffre n

---

exemplaires de la machine de Hahn, construits au début du xixe siècle. Toutes ces machines sont de type circulaire.

([1]) *Leipz. Litteraturzeitung*, 1814, p. 244; et *Archives des inventions et découvertes*, t. VIII, p. 264. Après l'invention de cette première machine, Stern en conçut une autre (1817) spécialement destinée à l'extraction des racines carrées. Il réunit ensuite les dispositions de ces deux machines en un type unique (6, p. 265, note 229).

([2]) *Tygodnik illustrowany*, 1863, p. 207 (6, p. 264, note 226).

([3]) Le centenaire de l'invention de l'arithmomètre Thomas a, sur l'initiative de M. Malassis, été dignement célébré à Paris, en juin 1920, par les soins de la *Société d'encouragement pour l'Industrie nationale* qui avait organisé, à cette occasion, une exposition rétrospective, une présentation de machines à calculer modernes et une série de conférences s'y rapportant. Le texte de ces conférences a été réuni dans *B. S. E.*, t. 132, (1920), avec toute une série de documents du plus haut intérêt, dont les rapports rédigés, à diverses époques, sur l'arithmomètre par Francœur, Hoyau, Benoît et le général Sebert (p. 660, 662, 687, 694). On doit aussi à Hirn (*Annales du Génie Civil*, 1863) une note curieuse sur divers usages auxquels peut se prêter cette machine. L'arithmomètre Thomas a été reproduit, avec de légères modifications, en Allemagne, par Burkhardt, en Angleterre, par Tate.

la mise en prise ait lieu avec n dents du pignon. Il suffit donc, en déplaçant les boutons dans leurs rainures (visibles sur la figure 12), de leur faire marquer les chiffres successifs d'un nombre pour qu'un tour de la manivelle (placée à la droite des rainures) fasse entrer (moyennant le jeu des reporteurs) ce nombre dans le total. Par suite, en donnant m tours de manivelle, on fait apparaître dans les lucarnes du résultat le produit du nombre inscrit par m.

Il convient d'ajouter que les neuf dents de chaque pignon n'occupent qu'une partie (la moitié environ) de sa périphérie. Cela permet de faire agir le reporteur pendant la période correspondant au passage de la partie non dentée, et, par suite, de réaliser l'indépendance du report et du mouvement principal, comme cela se retrouve dans la presque totalité des machines à entraîneur, exception faite de celles qui, comme la machine de Tchebichef, comportent un mécanisme de report des retenues par train différentiel (p. 38).

D'autre part, en donnant un léger décalage d'un pignon au suivant, on rend successifs les reports de retenues, ce qui est de la plus haute importance, d'abord pour éviter un effort exagéré en cas de reports devant être effectués dans plusieurs colonnes au cours d'une même opération de la machine (exemple : $7548 + 4778 = 12326$), mais surtout pour permettre les reports commandés chacun par le précédent (exemple : $99999 + 1 = 100000$). C'était déjà là la cause d'une supériorité de la machine de Pascal sur celle de Leibniz, où ce décalage n'existe pas.

Pour que l'on puisse effectuer une multiplication par un nombre de plusieurs chiffres sans avoir à donner autant de tours de manivelle qu'il y a d'unités dans ce nombre, le totalisateur à disques, multiaxial, est fixé à une platine qui peut recevoir, par rapport à la partie fixe de la machine, des déplacements successifs égaux à l'intervalle des chiffreurs. Cela permet, *à partir de chaque ordre décimal*, de faire entrer le multiplicandè dans le totalisateur autant de fois qu'il y a d'unités dans le chiffre correspondant du multiplicateur, et, partant, de ne donner en tout qu'*un nombre de tours de manivelle égal à la somme des chiffres du multiplicateur*. Pour multiplier, par exemple, le nombre inscrit sur la platine fixe par 365, on aura à donner 14 tours de manivelle en tout au lieu des 365 qui eussent été nécessaires si le totalisateur avait été lui-même fixe par rapport à cette platine.

La platine mobile est d'ailleurs percée d'un second rang de lucarnes, plus petites que celles où se lit le résultat, où, pour chaque ordre décimal, un compteur spécial enregistre le nombre de tours de la manivelle, et, par suite, dans lesquelles à titre de contrôle, doit se lire le multiplicateur à la fin de l'opération.

Pour que le jeu d'abord additif de la machine devienne soustractif, il suffit de renverser le sens de la rotation des chiffreurs; à cet effet, un manchon glissant sur chaque axe carré porte deux pignons d'angle de sens contraire, et la simple manœuvre d'un levier visible à la gauche des rainures chiffrées de la platine fixe, met tantôt l'un et tantôt l'autre en prise avec le pignon qui entraîne la rotation du chiffreur correspondant. Il va sans dire qu'en ce cas le compteur des nombres de tours de la manivelle fait apparaître le quotient et que le résidu final dans les lucarnes du totalisateur, où avait été d'abord inscrit le dividende, après que pour chaque ordre décimal on a retranché le diviseur autant de fois qu'il a été possible, est précisément le reste.

Quant à l'effaceur, il est très simplement constitué par une crémaillère qui se met en prise avec des pignons, concentriques aux disques chiffreurs; la manœuvre ne peut, au reste, se faire que lorsque la platine mobile est légèrement soulevée; chacun de ces pignons a neuf dents pleines correspondant aux chiffres de 1 à 9 et une dent manquant à l'opposé du o. Dès lors, la crémaillère tirée dans le sens de sa longueur fait tourner chaque disque chiffreur jusqu'au moment où son o se trouve dans la lucarne correspondante.

Enfin un dispositif spécial, dit *croix de Malle*, analogue à celui qui est employé en horlogerie sous le même nom, empêche les organes en rotation d'être entraînés par leur inertie au delà de la position où ils doivent s'arrêter, en les immobilisant dans cette position, au moment précis où elle est atteinte par un bridage réalisé au moyen d'une pièce convenablement disposée.

L'arithmomètre Thomas a été le protoype de toute une série de machines réalisant diverses améliorations, dans le

Fig. 13.

détail desquelles nous ne saurions entrer ici. Nous nous contenterons de mentionner rapidement quelques-unes d'entre elles se distinguant plus spécialement par quelque intéressante particularité.

En premier lieu, nous citerons l'arithmomètre de Maurel,

dit *arithmaurel* (¹) (*fig.* 13) remontant à l'année 1849, perfectionné depuis lors par Jayet, dans lequel le totalisateur,
multiaxial, est semi-circulaire, ce qui permet de commander
tous les chiffreurs à l'aide d'un seul pignon central à neuf dents
d'inégale longueur. Cette machine est pourvue d'un mécanisme
délicat, tel que ceux de l'horlogerie, grâce auquel la manœuvre
est réduite à une extrême simplicité. Les divers chiffres du
multiplicande étant inscrits au moyen des tiges graduées
visibles à la partie supérieure de la machine, il suffit de
marquer, à l'aide des aiguilles mobiles, sur les cadrans que
l'on voit au-dessous, les chiffres du multiplicateur pour que
ceux du produit apparaissent aux lucarnes disposées à cet
effet. On peut dire, en somme, que la seule inscription du multiplicande et du multiplicateur suffit pour former le produit.
Mais la délicatesse même du mécanisme le rend assez fragile
et peu propre à se prêter à un usage courant. La machine
n'est pas de type industriel.

L'utilisation d'un seul pignon central à neuf dents se
retrouve encore, sous une forme des plus ingénieuses, dans
la machine de Tchebichef qui date de 1882 (²). On a vu plus
haut (p. 38) comment est constitué le totalisateur de cette
machine qui peut, au reste, être employé séparément, ainsi
qu'on l'a indiqué. Pour le rendre propre à l'exécution rapide
des multiplications et divisions, l'illustre inventeur l'a complété par un entraîneur *amovible*, qui s'y adapte très aisément
au moment où besoin est. Grâce à un mécanisme dont le détail
ne serait pas ici à sa place (³), il suffit, une fois le multiplicateur
inscrit au moyen des boutons mobiles dans les rainures chiffrées circulaires du cylindre avant, et le multiplicande au
moyen des boutons mobiles dans les rainures chiffrées rectilignes du cylindre arrière, de tourner la manivelle jusqu'à

(¹) *C. R.*, 1ᵉʳ sem. 1849, p. 209, et *B. S. E.*, août 1849, p. 370. Une
description très détaillée de l'arithmaurel, due à la plume de Lalanne,
a paru dans *A. P. C.* (2ᵉ sem., 1854, p. 288).

(²) Voir *fig.* 65, p. 174.

(³) On le trouvera dans la première note annexe (p. 171).

ce que ces derniers boutons soient tous revenus à o (¹); à ce moment, le produit se lit dans les lucarnes du totalisateur.

En donnant à l'arithmomètre une forme pleinement circulaire, l'inventeur anglais J. Edmondson a permis de prolonger indéfiniment, si on le veut, une division qui ne se fait pas exactement (²).

Dans la machine de Duschanek (³), un seul tour de manivelle ramène à la fois à zéro les trois rangées de chiffres de la machine (multiplicateur, multiplicande et produit). D'ailleurs, sur cette machine, les chiffres du multiplicande s'inscrivent en ligne droite, comme ceux du multiplicateur et du produit.

Parmi les plus récentes machines dérivées de l'arithmomètre Thomas, nous mentionnerons : la machine *Unitas* dans laquelle un second totalisateur permet d'obtenir la somme générale de tous les produits formés successivement sur le premier totalisateur; la *Calculatrice Fournier*, munie d'une manivelle multiplicatrice dont chaque neuvième de tour fait effectuer un tour complet aux pignons de l'entraîneur, en sorte qu'une rotation unique, de plus ou moins d'amplitude, de cette manivelle suffit pour chaque ordre décimal du multiplicateur (par exemple, 5 neuvièmes de tour, puis 6 neuvièmes, puis 3 neuvièmes pour une multiplication par 365); enfin la machine *Madas* comportant nombre de perfectionnements de détail et notamment un dispositif rendant la division entièrement automatique de la façon suivante : le dividende étant inscrit dans le compteur et le diviseur sur la platine à l'aide des curseurs, la machine soustrait le diviseur de la partie gauche du dividende jusqu'à ce que soit obtenu un résultat négatif qui apparaît sous la forme d'un complément. A ce moment, la machine *avertie* de ce résultat par un déclenchement que provoque la dernière

---

(¹) Dans le modèle de l'arithmomètre Thomas, construit pendant la période 1840-1850, le nombre des tours de manivelle était aussi automatiquement limité.

(²) *Philos. Mag.*, 2ᵉ sem. 1885, p. 15.

(³) *Polyt. Journ.*, de Dingler, 1886, p. 264 (6, p. 264, note 224).

roue à gauche en passant de o à 9, inverse sa marche afin de réadditionner une fois le diviseur (puisqu'il avait été soustrait une fois de trop), déplace le chariot d'une colonne vers la gauche et recommence à soustraire le diviseur comme ci-dessus, et le même cycle recommence jusqu'à la fin de la division.

Un compteur qui enregistre le nombre de révolutions complètes, en déduisant les opérations d'addition des opérations de soustraction, indique au fur et à mesure le quotient.

Un autre perfectionnement consiste dans l'adoption d'un clavier à touches, du type clavier complet, qui permet une pose des chiffres beaucoup plus facile.

D'autre part, la machine Monroé utilise également comme actionneur un pignon à dents d'inégale longueur, mais seulement au nombre de quatre, permettant donc d'enregistrer : o, 1, 2, 3 ou 4 unités, selon la position variable du pignon le long de la roue dentée réceptrice qui lui correspond. En outre, un autre secteur de 5 dents, celles-ci de même longueur, peut venir s'ajouter, en un autre point du même cercle, au pignon à quatre dents, permettant ainsi de réaliser des rotations de 5, 6, 7, 8 et 9 unités.

Grâce à cette disposition, l'encombrement de l'actionneur est considérablement réduit, au point qu'en ménageant, par ailleurs, un espacement normal entre les diverses rangées de touches (de l'ordre de $\frac{3}{4}$ de pouce anglais, soit environ 19^{mm}), on peut loger aisément dans cet intervalle le pignon de quatre dents d'inégale longueur et le secteur complémentaire de cinq dents.

L'additionneur étant du type uniaxial réversible, la soustraction et, par suite, la division, s'opèrent par renversement du sens dans lequel on tourne la manivelle.

La remise à zéro a lieu par l'axe commun à toutes les roues portant les chiffreurs.

Pignon à nombre variable de dents.

Pour imprimer aux chiffreurs les rotations partielles voulues, il faut, comme on vient de le voir, limiter le nombre des dents des pignons de l'entraîneur venant en prise avec les roues dentées commandant la rotation des axes des chiffreurs. Dans la solution précédente, ce nombre de dents variait d'une tranche à l'autre du cylindre constituant le corps du pignon. Pour pouvoir réduire ce cylindre à une seule tranche assez mince, il faut avoir le moyen de faire saillir sur la périphérie de celle-ci un nombre variable de dents.

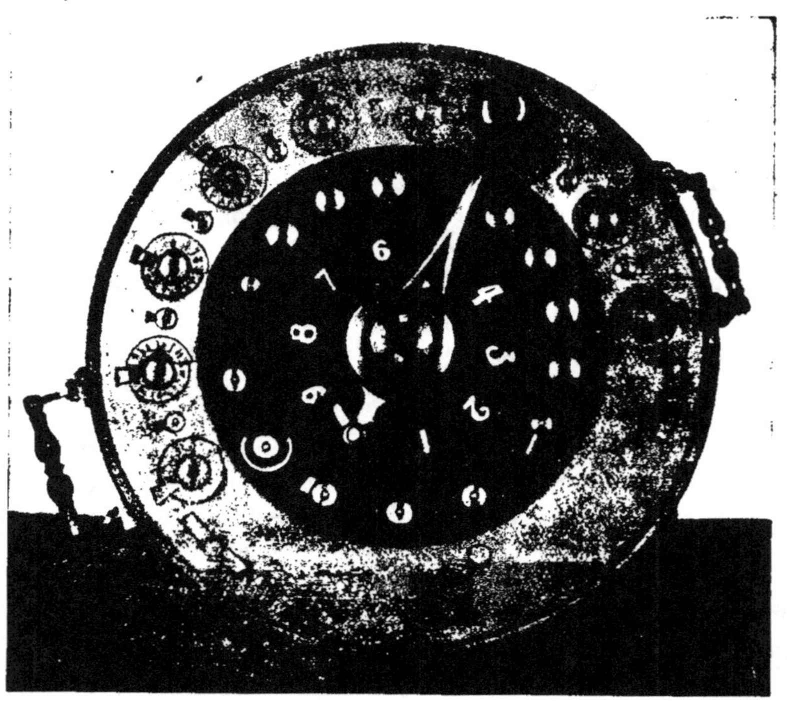

Fig. 14.

L'idée d'une telle solution, qui s'était offerte dès 1709 à Poleni, semble avoir été effectivement appliquée pour la première fois, en 1841, par le Dr Roth dans sa machine circulaire (¹) (*fig.* 14), où il l'a ingénieusement réalisée de la

---

(¹) Il existe deux exemplaires de cette machine au Conservatoire des Arts et Métiers.

manière suivante : chaque pignon de l'entraîneur est muni
de dents mobiles dans des entailles rayonnantes (*fig.* 15)
et portant chacune un ardillon faisant saillie sur une face

Fig. 15.

latérale du pignon et qu'un ressort tend à repousser constamment vers le centre. Un excentrique, en appuyant sur ces
ardillons de façon à vaincre la pression des ressorts, les éloigne

Fig. 16.

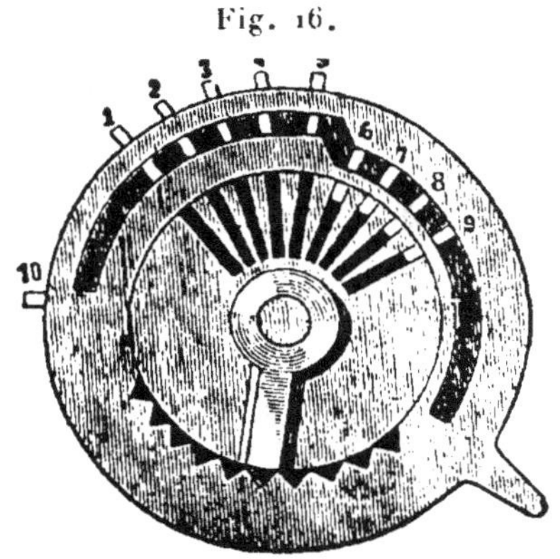

du centre d'une quantité suffisante pour faire saillir les
dents qui en sont solidaires.

Vers l'année 1875, l'inventeur suédois Odhner a imaginé
un type de pignon à nombre variable de dents bien plus
robuste; pour cela, il a déterminé le déplacement des dents

dans les entailles rayonnantes, non plus en soumettant les ardillons, fixés à ces dents et retenus par des ressorts, à la

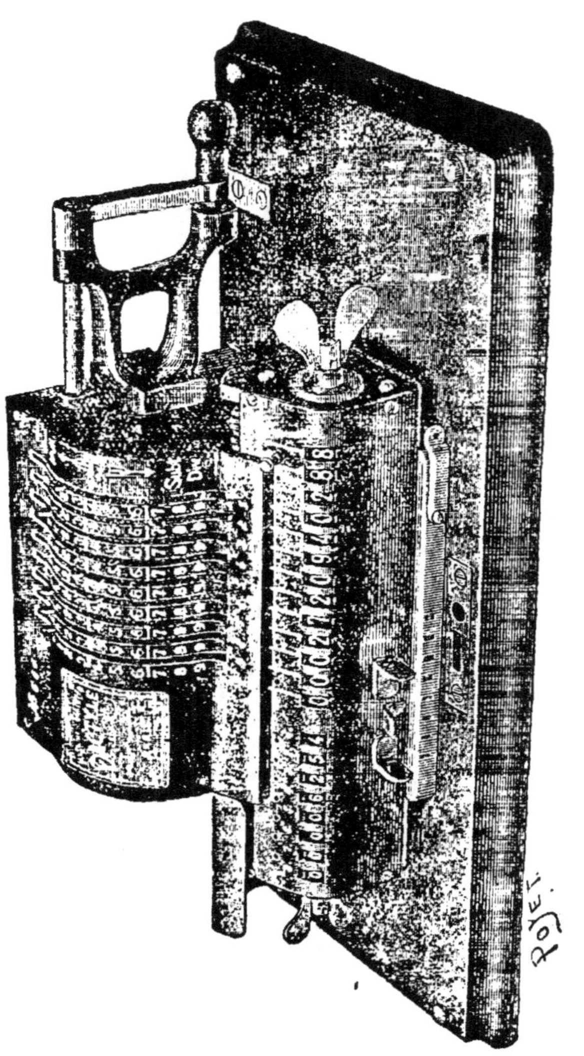

Fig. 17.

pression d'une came, mais en les engageant dans une rainure circulaire composée de deux parties d'inégal rayon (*fig.* 16).

Une rotation de la partie extérieure du pignon, comprenant cette rainure, par rapport à la partie centrale, déterminée au moyen d'un doigt fixé sur la tranche de cette partie extérieure, suffit dès lors pour faire saillir le nombre voulu de dents. Grâce au bien moindre encombrement des pignons ainsi constitués, Odhner a pu adapter un entraîneur à un totalisateur uniaxial et a fixé ainsi un type de machine dont divers constructeurs ont imaginé de nouvelles variantes en y introduisant certains perfectionnements de détail; au nombre de ces variantes, nous citerons la *Dactyle*, de la maison Chateau (*fig.* 17), qui est la plus répandue en France.

Nous nous contenterons de signaler, parmi les perfectionnements que comporte cette dernière variante, un système fort ingénieux propre à contrebalancer l'inertie des pièces pour les empêcher de franchir par vitesse acquise la position dans laquelle elles doivent s'arrêter, ce qui a permis de faire fonctionner la machine avec une bien plus grande rapidité.

La roue à nombre variable de dents constitue encore l'élément essentiel de quelques machines allemandes, et notamment de celles de Büttner (1888), Esser (1892), Küttner (1894).

Bien que, par son mécanisme, elle dérive du type Odhner, ce qui lui permet notamment d'effectuer les opérations soustractives par simple renversement de la rotation de la manivelle, la machine Büttner [1] rappelle plutôt par son apparence extérieure l'arithmomètre Thomas. Elle présente toutefois cette particularité que les chiffres du multiplicande, au lieu d'être marqués par des boutons mobiles dans des rainures, apparaissent à des lucarnes placées sur un même alignement, comme les chiffres du produit [2].

Les machines Esser [3] et Küttner [4] (au moins, en ce qui concerne cette dernière, celle du type *Duplex*) sont pourvues

---

[1] **13**, p. 151. — **14**, p. 102. — **6**, p. 258, note 209.

[2] Disposition déjà signalée dans la machine Duschanek et qui se retrouve dans la machine Steiger.

[3] **6**, p. 263, note 221.

[4] *P. J.*, 1896, p. 199 (**6.**, p. 258, note 209).

d'appareils de report des retenues pour le compteur qui enregistre les chiffres du multiplicateur ou du quotient, ce qui, pour certaines opérations spéciales (non pour la multiplication ni pour la division), présente un avantage.

Une machine d'un type analogue est construite aux États-Unis sous le nom de *Baldwin Calculator*.

Fig. 18.

Une machine se rattachant au genre Odhner a été pourvue d'un mécanisme qui la rend imprimante; c'est l'*Arithmotyp* Trinks dans lequel des secteurs à caractères d'imprimerie, commandés par certains secteurs dentés, amènent, sur une ligne horizontale déterminée, en face d'un rouleau de papier, les chiffres mêmes du produit inscrit sur la machine. Le rouleau s'appuie, au moment voulu, sur ces chiffres, avec interposition d'un ruban encreur.

Pour constituer une roue à nombre variable de dents, une solution vient d'être donnée tout récemment qui consiste à écarter les dents non utilisées du plan où a lieu la prise de contact au lieu de les faire rentrer dans le corps même de la roue.

Ce dispositif se rencontre dans la machine Kuhrt (*fig.* 18), où les dents, articulées autour d'un petit axe perpendiculaire au rayon, peuvent prendre deux positions, l'une dans le plan de la roue, l'autre formant un certain angle avec ce plan, de façon à éviter la roue dentée réceptrice.

Chaque dent porte une saillie en un point différent de sorte qu'en plaçant convenablement un plan incliné sur leur trajet, on peut mettre en position active de 1 à 9 dents. À la fin de la rotation, un autre plan incliné ramène ces dents en position inactive.

Un avantage de ce système est de laisser fixe, pendant la rotation, le mécanisme (plans inclinés) qui sert à déterminer le nombre de dents actives dans chaque colonne et, par suite, de lui faire correspondre un viseur où apparaît le nombre posé et de permettre la pose de ces chiffres par un clavier complet, comme on l'a vu pour la machine Madas.

Actionneurs à course variable.

Au lieu de constituer, comme dans les machines précédentes, l'actionneur par un organe de structure variable, mais de course fixe, on peut, au contraire, avoir recours à un organe de structure constante, mais de course variable, en vue de provoquer la rotation voulue de chacun des chiffreurs.

L'idée de tels organes se rencontre, pour la première fois, d'après M. Mehmke, dans une machine à additionner due à Leupold (1727) (¹). Elle se retrouve aussi dans la seconde des machines de Lord Mahon (²) (1777). Parmi les machines

---

(¹) *Theatrum arithm.-geom.*, p. 38 (6, p. 251, note 194).
(²) Vogler, *Anleitung zum Entwerfen graphischer Tafeln*, 1877, p. 50 (6, *Ibid.*).

modernes, où elle intervient, on peut citer celles de Dietzschold ([1]) (1877) et de Fr. Weiss ([2]) (1893).

Dans son ensemble, la machine de Dietzschold rappelle l'arithmomètre Thomas auquel elle emprunte plusieurs organes; mais celui par lequel les chiffreurs sont amenés à tourner de la fraction de circonférence voulue y est tout différent. Au lieu d'être constitué par le tambour à neuf dents d'inégale longueur, il consiste en une roue à rochets, actionnée par un cliquet qu'un secteur mobile autour de l'axe de la roue permet de mettre en prise avec celui-ci pour un nombre de dents variable de 1 à 9.

La machine américaine de Grant ([3]) (1871) présente des dispositions très originales. Elle se compose essentiellement (*fig.* 19) d'une série de crémaillères parallèles engrenant avec les roues liées aux tambours chiffrés. Ces crémaillères sont solidaires d'un chariot qui, actionné par deux bielles, peut glisser sur deux barres de bâti où il effectue un mouvement d'aller et retour lorsque la manivelle motrice fait un tour complet. Des doigts verticaux, mobiles dans des rainures dont le bord est chiffré de 0 à 9, permettent de faire saillir ces crémaillères de 0, 1, 2, ..., ou 9 dents. Lorsque le chariot est porté en avant, les crémaillères agissent sur les roues à 10 dents des tambours chiffrés; elles abandonnent leur contact pendant le mouvement de retour, grâce à une came qui vient alors soulever la partie du bâti qui porte ces roues. C'est d'ailleurs pendant ce mouvement de retour qu'a lieu, successivement pour les divers ordres décimaux, le report des retenues.

La machine ne se prête pas à l'exécution des opérations

([1]) **11**, p. 40.

([2]) **6**, p. 251, note 194.

([3]) D'après une brochure sans date (mais antérieure à 1895), publiée à Lexington (Massachusetts). Voir aussi : *Amer. Journ. of Science and Arts*, 1874, p. 277 (**6**, p. 264, note 228). Il convient de ne pas confondre avec cette machine, celle qu'un autre inventeur américain, Géo B. Grant, a présentée le 19 octobre 1876 au Franklin Institute (*Scientific American* du 12 mai 1877).

soustractives qui doivent dès lors être effectuées par le moyen des compléments.

Une manivelle qu'on aperçoit à l'extrémité de l'arbre qui porte les chiffreurs, commande l'effaceur destiné à ramener tous ces tambours à zéro.

Fig. 19

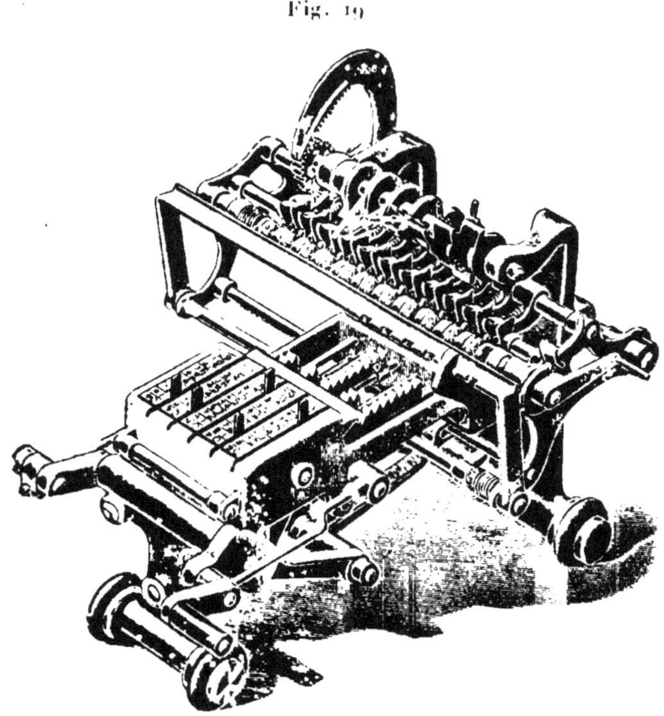

L'inventeur a d'ailleurs complété sa machine par un dispositif propre à fournir le résultat imprimé.

Le professeur Selling, de l'Université de Wurtzbourg, a combiné en 1886 une machine très curieuse (¹), où se retrouvent divers dispositifs ayant déjà appartenu à d'autres machines, mais sans doute réinventés ici, à côté d'autres tout nouveaux.

(¹) *Eine neue Rechenmaschine*, Berlin, 1887. *Voir* aussi : *P. J.*, 1899, p. 193 (6, p. 251, note 195); 13, p. 152.

Dans cette machine, comme dans la précédente, nous voyons des crémaillères engrener avec les roues qui commandent les tambours chiffrés; le report des retenues s'y opère progressivement au moyen de trains épicycloïdaux, comme dans la machine Tchebichef, ce qui impose, comme pour celle-ci, la lecture du résultat suivant une ligne ondulée; l'inscription du multiplicande se fait au moyen de touches, comme dans les additionneurs américains; comme ceux-ci également et comme la machine Grant, la machine Selling est imprimante. Mais elle présente des dispositions mécaniques tout à fait originales parmi lesquelles il y a lieu de signaler l'emploi d'un de ces réseaux de losanges articulés connus sous le nom de *ciseaux de Nuremberg.*

La machine se compose de deux parties distinctes qui sont mises temporairement en liaison pendant le calcul, la première comprenant le système des ciseaux avec le clavier de touches et les crémaillères, la seconde le système des roues dentées avec les tambours chiffrés.

Ce sont les divers points de croisement des ciseaux qui représentent les chiffres du multiplicande; on lie, pour chaque ordre décimal du multiplicande, la crémaillère avec le point de croisement voulu en appuyant sur la touche qui, dans la colonne correspondant à cet ordre décimal, porte le chiffre qu'on veut inscrire.

Suivant le chiffre du multiplicateur, on ouvre plus ou moins les ciseaux en amenant un index dans telle ou telle encoche d'une règle graduée de 1 à 5 (ce qui, lorsque le chiffre correspondant du multiplicateur est supérieur à 5, oblige à le décomposer en deux parties non supérieures à 5).

Le soulèvement d'un anneau suffit pour la remise à zéro.

Certaines machines ont été combinées en vue de besoins spéciaux. C'est ainsi que M. Wadsworth en a imaginé une ([1]) qui n'a d'autre objet que de multiplier ou de diviser par le nombre π. Elle est fondée sur la considération des réduites du développement de ce nombre en fraction continue.

([1]) *Journal of the Franklin Institute*, 1903, p. 131.

Les actionneurs à course variable se retrouvent dans l'immense majorité des machines modernes imprimantes qui forment une classe très importante dans la lignée des machines à entraîneur.

Ils se rencontrent d'ailleurs aussi dans des machines qui, pour le reste, se rattachent aux machines appartenant aux deux familles précédentes, en particulier dans les machines *Marchant*, *Demos* et *Mercédès*.

Dans la machine Marchant, l'actionneur est composé d'un disque portant un secteur denté d'environ $\frac{1}{6}$ de circonférence, qui peut se déplacer par rapport au disque d'une certaine quantité (un peu plus que la hauteur d'une dent) le long du rayon moyen du secteur.

Le secteur porte, en outre, un galet qui s'appuie sur la tranche d'un disque découpé de façon à présenter deux arcs de cercles réunis par une courte rampe comme l'une des faces de la rainure correspondante de la roue d'Odhner (p. 55).

Suivant que le galet appuie sur l'arc du plus grand ou du plus petit rayon, le secteur peut ou non attaquer la roue réceptrice; selon l'orientation du disque, le nombre de dents restant à passer devant la roue réceptrice lorsque le galet monte sur la rampe, varie de 1 à 9.

Dans des machines d'un autre type, l'actionneur effectue un mouvement alternatif en prenant la forme, soit d'un secteur, soit d'une crémaillère (ce qui revient au même, ce second cas étant la limite du précédent lorsque le rayon devient infini).

Pendant l'une des deux courses (généralement la course aller), il n'y a pas de contact entre le secteur et le chiffreur, ce qui s'obtient par un mouvement de l'ensemble des chiffreurs, montés sur un même axe, autour d'un axe parallèle, permettant de mettre à volonté en contact ou non les chiffreurs et les secteurs.

Ainsi dans la machine Demos (*fig.* 20), l'actionneur est constitué par un secteur denté pouvant tourner par rapport à un disque d'entraînement de même axe.

La pose des chiffres s'opère par une avance donnée à chaque secteur et telle que le nombre de dents qui passeront au point

de contact avec la roue réceptrice, au cours de la rotation
en avant (rotation d'amplitude fixe notablement inférieure

Fig. 20.

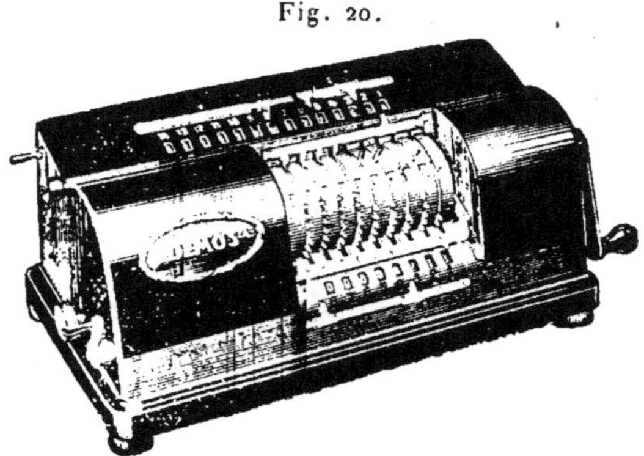

à un tour complet), soit, dans chaque colonne, égal au chiffre
que l'on se propose d'y enregistrer.

Au retour de l'ensemble des actionneurs à leur position de
départ, les chiffreurs sont mis hors de contact des actionneurs.

Extérieurement, la machine est manœuvrée par une manivelle faisant un tour complet, dont le mouvement est transformé intérieurement par le jeu de cames, en un mouvement
circulaire alternatif d'une fraction de tour.

La remise à zéro se fait par entraînement à friction au
moyen de l'axe commun des chiffreurs.

Dans la machine Mercédès, l'actionneur est une crémaillère;
mais, exceptionnellement, au lieu qu'il y ait un actionneur
par colonne décimale, il y a juste dix crémaillères destinées à enregistrer chacune un nombre d'unités différent,
chaque crémaillère étant utilisée pour un nombre quelconque de colonnes décimales.

Ces crémaillères sont liées entre elles de telle sorte que leurs
mouvements soient respectivement de o, 1, 2, ..., 9 dents, ou,
pour les mêmes, 9, 8, 7, ..., 2, 1, o dents, selon que la machine
additionne ou soustrait. La soustraction est donc effectuée
par les compléments sans que l'opérateur ait à les composer
sur le clavier.

La division y est automatique, selon une méthode peu différente de celle de la machine Madas.

La multiplication y est également automatique.

Enfin, on peut constituer un actionneur à course variable au moyen de secteurs dont le mouvement et la mise en contact avec les roues réceptrices sont l'un et l'autre alternatifs.

Dans les machines à clavier complet [Burroughs (*fig.* 21),

Fig. 21.

Ellis, Wales, Barrett, Continental, Victor, Corona, etc.], l'enfoncement d'une touche provoque directement, souvent par le corps de la touche elle-même, la saillie d'une butée sur le chemin du secteur denté.

Dans les machines à clavier réduit (Sundstrand, Dalton, Astra, etc.), il existe un petit chariot intérieur, dénommé *clavier intermédiaire*, où s'inscrit, en quelque sorte, le nombre à enregistrer sous la forme de la saillie de butées qui, au moment où le nombre vient d'être inscrit, sont placées chacune sur le chemin du secteur denté correspondant.

Comme sur les autres machines à clavier réduit que nous avons déjà vues (machines à écrire munies de totalisateurs), l'inscription se fait dans l'ordre où l'on énonce les chiffres.

Ces diverses machines sont généralement munies de touches dites *Total*, *Sous-Total*, permettant de provoquer les opérations d'impression du contenu du totalisateur avec ou sans remise à zéro. En outre, une touche *Non-Add* permet généralement d'imprimer des sommes sans les additionner, en évitant l'engagement du totalisateur pendant l'aller et le retour des secteurs dentés. Une touche de répétition permet également d'enregistrer plusieurs fois de suite le même nombre sans avoir à le composer chaque fois sur le clavier.

La multiplication, déjà grandement facilitée par cette touche de répétition, est, d'autre part, rendue plus aisée encore sur certaines machines par un dispositif permettant le changement de l'ordre décimal du multiplicande, soit par déplacement du totalisateur devant les secteurs dentés (Barrett), soit par décalage automatique des sommes sur le clavier (Burroughs, classe 4), soit par un décalage du clavier intermédiaire tout entier, dans les machines à clavier réduit.

Les caisses enregistreuses des frères Patterson, qu'on voit fonctionner aujourd'hui dans nombre de maisons parisiennes, sont des machines à clavier complet, soit entièrement de type à entraîneur, comme celles que nous venons de voir, soit de type mixte ; en ce second cas, une partie de la manœuvre est faite directement sans entraîneur, l'autre partie étant faite par l'intermédiaire d'un entraîneur.

Ces machines sont surtout spécialisées dans les diverses opérations d'addition que comporte la vente au comptant, avec, au besoin, un certain nombre de totalisateurs distincts et création d'un ticket.

Aux machines précédentes peuvent être rattachées les machines dites *à statistique*, telles que celles de Powers, de Samas, et de Hollerith.

Dans ces machines, la pose des chiffres sur le clavier, au lieu de provoquer directement l'enregistrement et l'impression, détermine la perforation de cartes en bristol pouvant se prêter à un tri mécanique, en vue d'obtenir certaines classifications. Une fois classées, ces cartes perforées passent dans une machine spéciale qui traduit leurs perforations sous forme d'enregistrement et d'impression, de même que le piano mécanique traduit musicalement les perforations des rouleaux du mélotrope.

Machines à multiplication directe.

Dans les machines précédentes, les multiplications ou divisions se font, pour chaque ordre décimal, par additions ou soustractions répétées, chaque répétition exigeant un tour de la manivelle de l'entraîneur (sauf, comme on l'a vu, pour la calculatrice Fournier, dans laquelle chaque mouvement complet de l'entraîneur est déterminé non par un tour complet, mais par un neuvième de tour de la manivelle). Pour éviter ces répétitions, il faut faire usage de la table de Pythagore. La question se posait donc tout naturellement de chercher à combiner une machine qui appliquât les données de cette table comme nous le faisons nous-mêmes lorsque nous opérons la plume à la main. Chose curieuse, une telle machine a été construite pour la première fois en France, et avec les dispositions les plus ingénieuses, par un jeune inventeur de 18 ans, l'âge qu'avait Pascal lorsqu'il imagina son addition-neur. Ce jeune inventeur était Léon Bollée qui a, depuis lors, pris une part si importante à la création et au développement de l'industrie de l'automobile. Sa machine a été produite, pour la première fois, devant le public à l'Exposition univer-selle de 1889.

De récentes trouvailles historiques ont toutefois démontré que d'autres essais avaient précédé celui de Léon Bollée dans la même voie.

Le célèbre inventeur américain D.-E. Felt a reconnu, en effet, qu'un de ses compatriotes, E.-D. Barbour, a fait breveter, dès 1872, un projet de machine procédant directement à la multiplication en appliquant la table de Pythagore. Mais cette machine, qui ne semble, au reste, avoir jamais été cons-truite (d'après l'enquête à laquelle M. Felt lui-même a bien voulu se livrer à notre demande), présentait des dispositions toutes différentes de celles qui se rencontrent dans la machine de Bollée. Elle était, d'ailleurs, restée profondément ignorée, l'exhumation de son brevet par M. Felt ayant produit sur tous les spécialistes qui en ont eu connaissance l'effet d'une sorte de découverte (¹).

Plus récemment encore, M. L. Leland Locke a mis la main, parmi de vieux modèles du Bureau des brevets des États-Unis, mis au rebut, une curieuse machine à multiplication

Fig. 22.

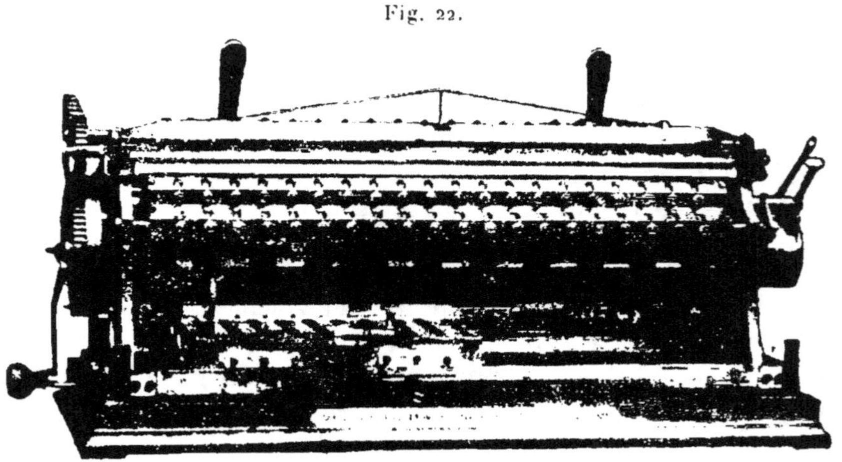

directe, dont le type se rapproche davantage de celui de la machine Bollée, et que son inventeur, Ramon Verea, a construite en 1878. Dans cette machine, la table de Pythagore était matériellement réalisée au moyen de cylindres percés de trous de divers diamètres permettant l'enfoncement plus ou moins profond d'aiguilles coniques dont les parties saillantes jouaient exactement le même rôle que les tiges de différentes longueurs des plaques calculatrices qui se rencontrent dans la machine de Léon Bollée.

Il est bien inutile d'ajouter que le tout jeune homme

(¹) Depuis lors, M. Malassis a retrouvé, dans une vitrine du Conservatoire des Arts et Métiers, la planche du brevet Barbour (don d'Edouard Lucas) qui s'y trouvait depuis 1888, et y était, à la vérité, restée tout à fait ignorée.

qu'était Léon Bollée, lors de son invention, n'avait pu avoir aucune espèce d'idée de ces essais antérieurs au sien.

Dans la machine Bollée (¹) (*fig.* 22), les chiffreurs reçoivent leur mouvement de crémaillères dont les déplacements sont commandés par des tiges implantées sur des plaques où elles constituent, en quelque sorte, une représentation matérielle de la table de Pythagore, et qui, amenées dans le prolongement de ces crémaillères, leur impriment les déplacements requis pour que les chiffreurs tournent du nombre d'unités voulu.

Tout comme la table de Pythagore classique, chacune

Fig. 23.

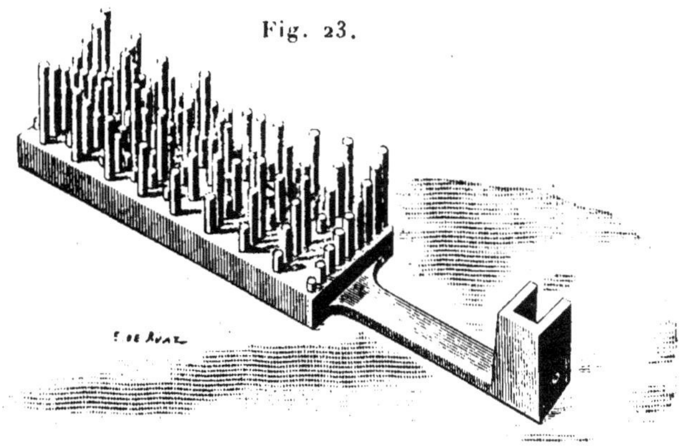

de ces plaques (*fig.* 23) comprend neuf lignes et neuf colonnes ; à l'intersection de chaque ligne et de chaque colonne, le produit qui serait inscrit numériquement sur la table de Pythagore est représenté par deux tiges, implantées normalement à la plaque, dont les longueurs sont respectivement égales à autant de fois le pas des crémaillères que le marquent le chiffre des dizaines et le chiffre des unités de ce produit. Si donc, la plaque placée horizontalement est soulevée verticalement d'une quantité égale à neuf pas des crémaillères,

---

(¹) Pour plus de détails, *voir* le Rapport du général Sebert, dans *B. S. E.*, p. 732.

chacune de celles-ci avance d'autant de pas qu'en contient la tige qui se trouve dans son prolongement.

Par exemple, à l'intersection de la ligne 7 et de la colonne 8 se trouvent deux tiges de longueurs 5 et 6; dès lors, les crémaillères sous lesquelles seront placées ces tiges seront soulevées l'une de cinq, l'autre de six pas, et si ces crémaillères commandent deux chiffreurs consécutifs, elles feront tourner ceux-ci respectivement de cinq et de six unités.

Or, un chariot mobile entraîne un certain nombre de ces plaques calculatrices disposées de telle sorte que, dans chacune des positions d'arrêt de ce chariot, chaque plaque occupe l'intervalle de deux chiffreurs consécutifs. On amène individuellement la ligne voulue de chaque plaque dans le plan des crémaillères, au moyen des boutons mobiles dans les rainures chiffrées de l'entraîneur, absolument comme dans le cas de l'arithmomètre. Puis, pour amener la colonne voulue de chaque plaque sous les crémaillères, on se sert d'une manette avec laquelle il suffit de marquer, sur le cadran auquel elle est adaptée, le chiffre correspondant du multiplicateur. Les plaques calculatrices étant mises en place, *un seul tour* de la manivelle placée sur le côté de la machine (¹) fait passer sur le totalisateur le produit partiel du multiplicande par le chiffre correspondant du multiplicateur formé, comme on voit, au moyen de la table de Pythagore.

Reprenons l'exemple déjà envisagé plusieurs fois de la multiplication par 365. La machine étant à zéro et le chariot dans sa position initiale, on amène, de la main droite, la manette sur le chiffre 3, et l'on fait faire de la main gauche un tour à la manivelle, puis ayant fait achever à la manette son premier tour, on l'amène sur le chiffre 6, et l'on donne encore un tour de manivelle; enfin, le second tour étant achevé, on arrête la manette sur le chiffre 5 et l'on donne un dernier tour de manivelle. En tout, par conséquent, un nombre de tours de manivelle égal à celui des chiffres du multiplicateur,

---

(¹) La manette étant manœuvrée par la main droite et la manivelle par la main gauche, il n'y a aucune interruption entre ces deux temps de la manœuvre.

au lieu de l'être à la somme de ces chiffres comme avec les précédentes machines. Dans l'exemple choisi, trois tours de manivelle en tout, au lieu de $3 + 6 + 5 = 14$ tours.

On voit que si la manette est fixée sur le chiffre 1 du cadran, la machine fonctionne comme un additionneur.

Le changement de sens de la marche de la machine (pour passer des opérations additives aux soustractives) qui s'obtient au moyen d'un levier, la remise à zéro commandée par les poignées que l'on voit paraître au-dessus de la machine, ingénieusement combinées, rentrent dans la catégorie des détails mécaniques sur lesquels nous n'insistons pas ici.

Ajoutons toutefois qu'en 1893, Léon Bollée a construit un nouveau modèle de sa machine, pourvu de perfectionnements du plus haut intérêt, et notamment d'un système général d'enclenchements disposé de telle sorte, dit le général Sebert, « que la machine refuse absolument de faire un calcul impossible ou faux, même si l'opérateur le cherche. Il est également impossible de faire une fausse manœuvre, l'appareil d'enrayage ne permettant de procéder que méthodiquement, tout en laissant entière latitude pour effectuer tous les calculs qui ne sont pas contraires à la théorie ». Ces enclenchements permettent de rendre tout à fait automatique l'exécution des divisions et des racines carrées.

D'après des essais suivis, la machine peut effectuer à l'heure, en marche normale, une série de 100 divisions, 120 racines carrées et 250 multiplications de l'étendue :

$$100\ 000\ 000\ 000\ 000\ 000\ 000\ :\ 1\ 000\ 000\ 000 = 100\ 000\ 000\ 000,$$

$$\sqrt{1\ 000\ 000\ 000\ 000\ 000\ 000} = 1\ 000\ 000\ 000,$$

$$1\ 000\ 000\ 000 \times 10\ 000\ 000\ 000 = 10\ 000\ 000\ 000\ 000\ 000\ 000.$$

Elle peut calculer 1000 termes d'une progression arithmétique dont la raison ne dépasse pas 10 milliards, et à peu près autant d'une table des carrés des nombres jusqu'à 100 quintillions.

M. Malassis a très ingénieusement utilisé les tiges calculatrices de Bollée en les implantant normalement à un noyau cylindrique pouvant être déplacé à la fois autour de son axe (suivant le chiffre du multiplicande) et dans le sens de cet axe (suivant l'ordre décimal de ce chiffre). Les tiges, en appuyant sur des crémaillères portées par un chariot mobile, font tourner les chiffreurs du nombre d'unités voulu. Pour le report des retenues, l'inventeur a imaginé un dispositif nouveau et fort ingénieux. Il n'existe malheureusement jusqu'ici de cette machine, pourtant très digne d'attention, qu'un modèle en bois construit des mains de l'inventeur.

Ce n'est que vers la fin du siècle dernier qu'apparurent

Fig. 24.

deux machines à multiplication directe, d'un type vraiment industriel — les seules actuellement sur le marché — la *Millionaire*, inventée en 1892 par O. Steiger et fabriquée par Egli, en Suisse, et la *Moon-Hopkins*, fabriquée en Amérique, d'abord par la Compagnie de ce nom, puis par la Compagnie Burroughs (*fig.* 24).

Un perfectionnement commun à ces deux machines, et qui les a considérablement simplifiées par rapport aux machines précédentes, a consisté dans le remplacement de la collection de plaques calculatrices, à raison d'une par ordre décimal (chacune étant une réalisation complète de la table de Pythagore), par une seule plaque calculatrice et un répartiteur composé de dix lames ou dix crémaillères parallèles et équidistantes, sur lesquelles chaque colonne décimale vient recueillir les résultats cherchés, comme dans la machine Mercédès, du moins en ce qui concerne la machine Millionaire.

La Burroughs-Moon-Hopkins, au contraire, possède une crémaillère par ordre décimal. L'élément multiplieur y est constitué par une série de plaques découpées, une pour les chiffres des unités et une pour les chiffres des dizaines de chaque colonne de la table de Pythagore.

En ayant recours à l'intervention de l'électricité, E. Selling a pu, en 1894, construire une machine, multipliante comme les précédentes, d'un type nouveau, où des électro-aimants sont disposés de telle sorte que les interrupteurs, correspondant aux chiffres du multiplicande et du multiplicateur, ferment des circuits qui déterminent la formation des chiffres des produits partiels

M. Augustin Seguin (descendant direct du célèbre inventeur des chaudières tubulaires, lui-même auteur de diverses inventions et notamment d'un indicateur mécanique de vitesse aujourd'hui utilisé largement dans la pratique) a bien voulu nous présenter un modèle d'essai (¹) d'une machine multipliante conçue d'après un principe qui nous a paru absolument nouveau et qui consiste en une traduction mécanique, d'ailleurs fort ingénieuse, du procédé de calcul connu sous le nom de *multiplication ordonnée*. Ce procédé revient à suivre la règle donnée en algèbre pour la multiplication des polynomes lorsque l'on considère les chiffres de chacun des facteurs comme les coefficients d'un développement ordonné suivant les puissances de 10. Les organes mécaniques, imaginés par M. Seguin pour la réalisation de sa machine, nous ont semblé sans analogues dans les machines connues jusqu'ici. Il nous paraîtrait tout à fait intéressant que cet essai aboutît à la construction d'un modèle définitif.

(¹) Maintenant déposé au Conservatoire des Arts et Métiers.

MACHINES A OPÉRATIONS COMPLEXES.

Machines à différences.

Nous disons qu'une machine arithmétique est à opérations complexes lorsqu'elle permet de faire autre chose qu'une simple opération arithmétique prise isolément. Au premier rang de ces machines, nous citerons les *machines à différences*, c'est-à-dire les machines permettant de déterminer les valeurs successives d'un polynome pour des valeurs de la variable croissant en progression arithmétique, eu égard au fait, si le polynome est de degré n, que ses différences d'ordre n sont constantes (¹). Comme il ne s'agit d'effectuer mécaniquement que des additions se combinant suivant un certain ordre, on conçoit *a priori* la possibilité de réaliser de telles machines.

C'est J.-H. Muller qui semble avoir, pour la première fois, en 1786, conçu l'idée d'une machine de ce genre (²), mais sans l'avoir construite. La même idée se présenta, de façon tout à fait indépendante, en 1812, à l'esprit du mathématicien anglais Ch. Babbage qui, à la suite d'essais poursuivis de 1823 à 1833, parvint à lui faire prendre corps dans une machine opérant sur les différences secondes (³).

Sans connaître le mécanisme imaginé par Babbage, le Suédois Georges Scheutz dressa, à son tour, le projet d'une machine opérant cette fois sur les différences quatrièmes, qu'il soumit, en septembre 1838, à l'Académie des Sciences de Paris (⁴), mais qu'il ne lui fut donné de réaliser qu'en 1853, avec l'aide de son fils Édouard.

(¹) *Voir* p. 14.

(²) Le projet de Muller est décrit dans un Ouvrage spécial de Ph.-E. Klipstein : *Beschreibung einer neu erfundenen Rechenmaschine;* Francfort-sur-le-Mein; 1876.

(³) *P. J.*, t. XLVII, 1832, p. 441. Babbage a consacré aussi une Note à sa machine dans le *Neuvième Traité de Bridgewater* (2ᵉ éd., Londres, 1838, p. 186). Le modèle primitif de cette machine est conservé au Musée du Collège de Somerset-House.

(⁴) *C. R.*, 2ᵉ sem. 1838, p. 1056. C'est d'ailleurs à l'occasion de cette machine que Babbage, dans une note des plus curieuses, présentée

La machine (*fig.* 25) comprend cinq étages de chiffreurs

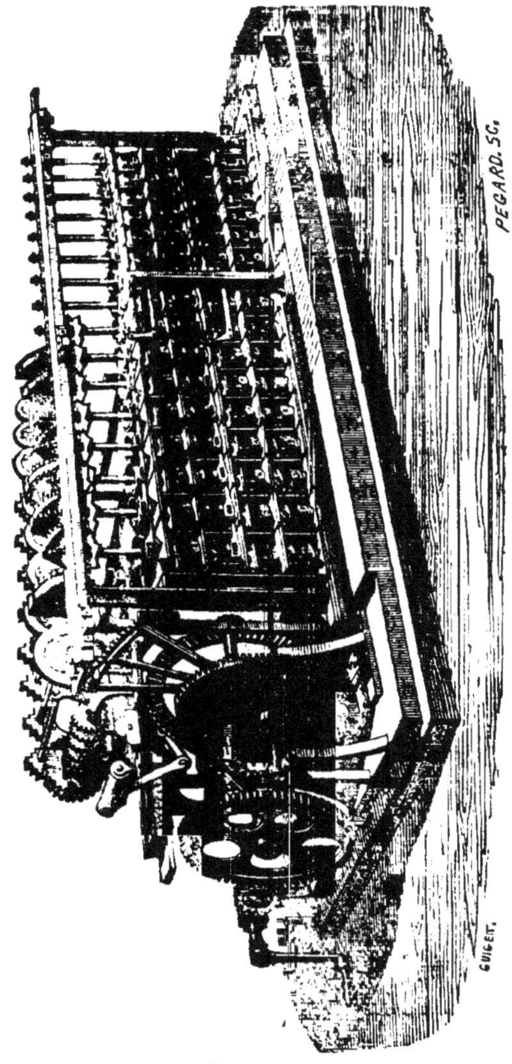

correspondant, de haut en bas, aux valeurs du polynome,

à la même Académie (*C. R.*, 2ᵉ sem. 1855, p. 557), fit connaître un système rationnel de notations mécaniques permettant de réduire, à un tableau graphique, la description schématique d'un mécanisme quelconque.

à leurs différences premières, secondes, troisièmes, quatrièmes. La position de chaque chiffreur commande le nombre d'unités dont l'entraîneur fait tourner le chiffreur situé immédiatement au-dessus de lui. Cet entraîneur agissant alternativement sur les étages de rang pair ou impair, en imprimant aux chiffreurs d'un même rang des rotations indiquées par les inscriptions des chiffreurs du rang placé immédiatement en dessous, on commence par inscrire aux divers étages les valeurs de u_2, Δu_1, $\Delta^2 u_1$, $\Delta^3 u_0$ et $\Delta^4 u_0$ (cette dernière différence étant constante). Un premier coup de l'entraîneur, laissant les étages de rang impair invariables, fait apparaître $\Delta^3 u_1$ et Δu_2 à la place de $\Delta^3 u_0$ et Δu_1; le second coup, agissant, au contraire, sur les étages de rang impair, remplace $\Delta^2 u_1$ et u_2 par $\Delta^2 u_2$ et u_3; et ainsi de suite [1].

Les huit premiers chiffres de l'étage supérieur, à partir de la gauche, s'impriment d'ailleurs en creux dans une lame de plomb, en vue de la stéréotypie.

La machine permet donc non seulement de calculer des tables mais encore de les stéréotyper, évitant à la fois les fautes de calcul et les fautes d'impression. Elle fait d'ailleurs réaliser une sensible économie de temps, attendu qu'on a constaté qu'elle calcule et stéréotype, à la fois, deux pages et demie de chiffres dans le temps où un bon ouvrier typographe arrive à en composer une seule.

La machine Scheutz, qui figurait à l'Exposition universelle de 1855, à Paris, devint ensuite, grâce à la libéralité d'un riche négociant américain, M. J. F. Rathbone, la propriété de l'observatoire Dudley, d'Albany, aux États-Unis, où elle a été utilisée pour le calcul de tables de logarithmes, de sinus et de logarithmes-sinus [2].

Un autre exemplaire de cette machine a été établi en 1858

---

[1] La note annexe II (p. 182) donne une idée plus précise du jeu de cette machine. On trouve une description complète de la machine Scheutz dans *P. J.*, t. CLVI, 1860, p. 241 et 321.

[2] Un spécimen de ces tables a été mis en vente à Paris, en 1858, sous le titre : *Spécimen de tables calculées, stéréotypées et imprimées au moyen d'une machine.*

pour l'office du *Registrar general* de Somerset-House, sur la commande du gouvernement anglais, par les constructeurs Bryan et Donkin qui y apportèrent quelques améliorations de détail.

Cette machine a calculé et imprimé 6o5 tables (grand in-4°) qui constituent le fondement du calcul des rentes viagères servies par les caisses d'épargne postale anglaises (¹).

Un autre Suédois, Wiberg, a réalisé une machine à différences remplissant exactement le même office que celle de Scheutz, mais grâce à des moyens mécaniques nouveaux qui ont permis de réduire très sensiblement les dimensions de l'ensemble, comparables, dans le type de Scheutz, à celles d'un petit piano.

Cette machine Wiberg, présentée avec éloge, à l'Académie des Sciences de Paris, par l'astronome Delaunay (²), se compose de 75 rondelles métalliques, chiffrées de o à 9 sur leur périphérie, et traversées par un même axe autour duquel elles peuvent tourner à frottement et indépendamment les unes des autres. Ces 75 rondelles se répartissent en 15 groupes de 5; chacun de ces groupes correspond à un certain ordre décimal; et, dans chaque groupe, la première rondelle à gauche marque le chiffre de cet ordre pour le terme calculé, la seconde, le chiffre de même ordre pour sa différence première, et ainsi de suite jusqu'à la cinquième qui marque le chiffre de même ordre pour la différence quatrième constante. On voit donc que, pour lire le terme obtenu, il faut, en allant de gauche à droite, extraire les chiffres marqués par les rondelles prises de 5 en 5 à partir de la première.

La machine Wiberg, comme la machine Scheutz, agit successivement, d'une part sur les différences troisième et première, de l'autre sur la différence seconde et le terme à introduire dans la table. Une correspondance mécanique groupe d'ailleurs, sur une autre partie de la machine, les huit premiers chiffres de ce terme, figurés en relief de façon

---

(¹) *Tables of lifetimes, annuities and premiums, with an introduction* par W. Farr; Londres, 1864.

(²) *C. R.*, 1ᵉʳ sem. 1863, p. 33o.

à s'imprimer en creux dans une plaque de plomb, en vue de la stéréotypie.

On trouvera dans la note citée de Delaunay une description très détaillée, malheureusement sans figures, du mécanisme de cette machine, dont l'organe essentiel est un axe parallèle à celui des rondelles et qui porte 30 doigts. Ces doigts, en venant se placer derrière certaines dents liées aux rondelles, les poussent devant eux, faisant ainsi tourner les rondelles correspondantes autour de leur axe commun. Une règle dentée en forme de peigne est, d'ailleurs, disposée de façon à laisser passer librement les dents des 30 rondelles poussées par les crochets et à immobiliser les autres.

La machine de Wiberg a été aussi employée à calculer et à imprimer des tables logarithmiques ([1]) ou financières qui ont mis en évidence un certain nombre d'erreurs dans les tables du même genre publiées antérieurement.

M. G.-B. Grant, l'auteur d'une des machines à multiplier mentionnées plus haut, a, de son côté, imaginé une machine à différences ([2]) dont la disposition générale est la même que celle de la machine Wiberg, c'est-à-dire qui comprend, comme celle-ci, des rondelles chiffrées enfilées sur un même axe et groupées par ordre décimal, mais qui offre des dispositions mécaniques spéciales, notamment en ce qui concerne la partie imprimante de la machine.

Machines arithmétiques générales.

Était-il possible de concevoir une machine capable d'exécuter non pas seulement une opération arithmétique isolée, mais toute une suite de telles opérations, sans aucune intervention d'un opérateur humain en cours d'exécution? Telle est la question à laquelle Babbage n'a pas craint de s'attaquer dès 1834, et qu'il est parvenu à résoudre en combinant son *analitycal engine* où les nombres, puisés, en quelque sorte,

---

([1]) *Logarithm-Tabella, uträknade och tryckte med raknemaskin;* Stockholm, 1875.

([2]) *Amer. Journ. of Science and Arts,* 2e sem. 1871, p. 113.

dans une première partie de la machine, dite le *magasin*, où on les inscrit sur des chiffreurs empilés par colonnes, sont soumis, dans une seconde partie, dite le *moulin*, à la suite d'opérations voulues, exécutées mécaniquement grâce à la commande réalisée par le moyen d'un certain *ordonnateur*, variable, bien entendu, avec cette suite d'opérations, et qui, constitué à l'aide de feuilles de carton ajourées, n'est pas sans analogie avec l'organe ordonnateur des métiers de Jacquart. Babbage ayant fait fabriquer toutes les pièces qui devaient entrer dans la composition de sa machine, est malheureusement mort avant d'avoir pu en effectuer le montage. Ces pièces sont restées éparses dans une vitrine du South-Kensington Museum de Londres, où on les voit encore. Le fils de l'inventeur a réuni en un volume tous les documents laissés par Babbage relativement à sa machine ([1]).

Une autre solution du même problème a été obtenue par le grand mécanicien espagnol Torres Quevedo au moyen de l'électromécanique. On sait à quel point de perfection M. Torres a porté la science de l'automatique, notamment dans cet extraordinaire automate joueur d'échecs qui, dans une fin de partie supposée, disposant de la tour et du roi blancs, fait échec et mat son partenaire qui n'a plus en main que le roi noir, mais qui, au reste, le fait mouvoir suivant la marche permise par la règle du jeu, avec une entière liberté ([2]).

([1]) Babbage n'avait de son vivant rien publié lui-même touchant son invention. Le seul document imprimé s'y rapportant qui ait alors vu le jour, est l'article du capitaine du Génie sarde (depuis lors général) Menabrea, publié en 1842, en français, dans la *Bibliothèque universelle de Genève* (t. XLI, p. 352). Une traduction en anglais de cet article, augmentée de notes mathématiques d'un réel intérêt, a été donnée, en 1843, dans les *Scientific Memoirs* (vol. III), par Lady Ada Lovelace, la fille unique de Lord Byron (élève, pour les mathématiques, de Mary Sommerville), qui n'avait d'ailleurs signé ce travail que de ses initiales.

Le modèle projeté primitivement par Babbage comprenait 1000 colonnes de 50 rondelles permettant, par conséquent, de faire intervenir dans l'opération, à titre de données ou de résultats, 1000 nombres de 50 chiffres. On pourrait, évidemment, sans inconvénient, réduire sensiblement une telle quantité.

([2]) On trouvera une description de cet automate dans le numéro de *La Nature* du 13 juin 1914, p. 56.

Les profondes études du savant ingénieur espagnol sur ce difficile sujet l'ont amené à formuler ce principe, entièrement général, qu'*il est toujours possible de construire un automate dont tous les actes dépendront de certaines circonstances plus ou moins nombreuses, et qui obéisse à des règles qu'on peut lui imposer arbitrairement au moment de sa construction.*

M. Torres s'est dès lors proposé de construire un *calculateur*

Fig. 26.

purement automatique, susceptible d'effectuer telle succession que l'on veut d'opérations arithmétiques, portant sur des nombres quelconques, sans aucune intervention d'opérateur à partir du moment où l'indication de l'opération à effectuer aura été inscrite sur une simple machine à écrire, munie des signes représentatifs des quatre opérations fondamentales de l'arithmétique ainsi que de celui de l'égalité; une fois cette inscription faite, la machine, fonctionnant automatiquement, vient, en se servant à son tour de la machine à écrire, imprimer le résultat. Les termes d'un tel problème sont faits pour confondre l'imagination. M. Torres en a pourtant donné une solution complète non exempte, il est vrai, d'une certaine complication, en raison de la multiplicité des connexions électriques qu'elle suppose, et devant, par conséquent, de l'aveu même de l'auteur, être regardée plutôt comme une curiosité scientifique que comme une acquisition de caractère pratique, en tout cas, d'un puissant intérêt théorique.

M. Torres n'a jusqu'ici construit, sous le nom d'*arithmomètre électromécanique*, qu'un modèle (*fig.* 26) destiné à l'exécution d'une seule opération arithmétique, d'ailleurs quelconque, sur la commande de la machine à écrire (¹). A la fin de chaque opération, la machine est prête à en faire une autre, commandée également par la machine à écrire; elle pourrait être munie d'un dispositif propre à effectuer automatiquement les commandes successives, relatives à un certain enchaînement d'opérations, moyennant l'inscription initiale voulue. Cela entraînerait seulement une plus grande complication dans la construction de la machine, mais ne nécessiterait aucune invention nouvelle.

On peut donc dire que le problème de Babbage se trouve, grâce à M. Torres, pleinement résolu par l'électromécanique. Mais, il y a plus : le grand inventeur espagnol a dressé le projet d'une machine atteignant le même but par un agencement purement mécanique, au reste, entièrement différent de celui de Babbage. Souhaitons de voir un jour effectivement fonctionner ce merveilleux mécanisme; mais, étant donnée la confiance que nous pouvons faire à son auteur, tenons-le dès maintenant pour une solution définitivement acquise du problème de la machine arithmétique générale.

Machines arithmologiques.

Certaines questions d'arithmologie, comme la résolution en nombres entiers des équations indéterminées à deux variables (ramenée par M. André Gérardin à celle de certaines congruences), la vérification du fait qu'un très grand nombre est

---

(¹) On trouvera une description détaillée de l'arithmomètre électromécanique, due à M. Torres lui-même, dans *B. S. E.*, t. 132, 1920, p. 588.

ou non premier, etc., exigent de laborieux essais numériques,
faits pour rebuter les calculateurs les plus intrépides. Opérer
mécaniquement de tels essais, à la fois avec une extrême
rapidité et une parfaite sûreté, tel est le but des machines
arithmologiques dont différents types ont été proposés par
M. Gérardin lui-même (qui semble avoir été le premier

Fig. 27.

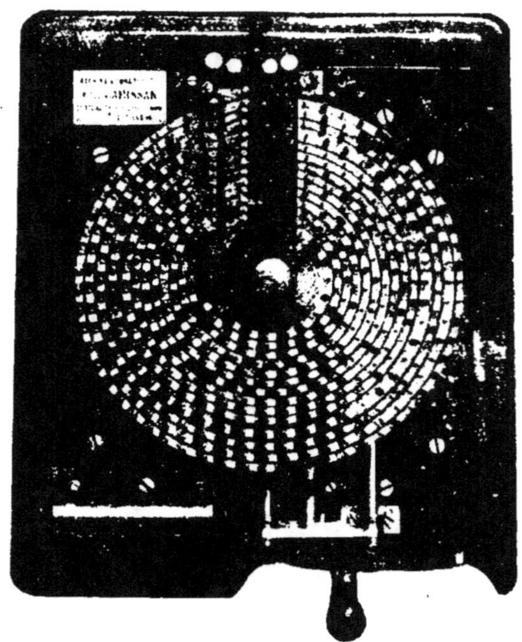

initiateur en ce genre de recherches), M. Kraïtchik, M. P. Carissan et le commandant E. Carissan, frère du précédent.

La machine à congruences du commandant Carissan
(*fig.* 27), produite pour la première fois par son auteur à l'Exposition du centenaire de l'arithmomètre Thomas (¹), se compose
de couronnes métalliques concentriques, munies de broches
d'acier équidistantes dont les nombres respectifs sont égaux

(¹) Et décrite par lui dans *B. S. E.*, t. 132, 1920, p. 600.

aux nombres premiers successifs jusqu'à une certaine limite (59 sur le modèle construit). Un pignon entraîneur fait tourner ces couronnes toutes à la fois, de telle sorte que l'alignement radial des broches se renouvelle au moment où elles passent sur un certain rayon fixe dit *ligne d'investigation*. Les possibilités relatives à un certain module étant représentées par de petites coiffes de fibre, enfilées sur les broches voulues, lorsqu'un alignement déterminé sur la ligne d'investigation ne comporte que des coiffes, il y a solution. Or un tel alignement est décelé par la machine grâce à l'ingénieux dispositif que voici : les coiffes entraînées par les couronnes soulèvent, à leur passage sur la ligne d'investigation, de petits marteaux de cuivre, annulant une coupure de circuit électrique. L'alignement des coiffes sur cette ligne, en annulant toutes les coupures correspondantes, laisse passer le courant qui, dans un récepteur téléphonique placé à l'oreille de l'opérateur, produit un *loc* caractéristique ([1]).

Pour donner une idée de la rapidité avec laquelle on peut opérer avec cette machine, nous citerons certains exemples de son utilisation pour lesquels le temps a été soigneusement noté :

1° Résolution en nombres entiers (pour $x < 10\,000$) de $x^2 - 13\,y^2 = 1$. Réponse : $x = 649$, $y = 180$, en 5 minutes;

2° Mettre $708\,158\,977$ sous la forme de deux carrés. Réponse : $1922\,4^2 + 18\,401^2$, en 10 minutes;

3° Reconnaître si le nombre $2^{31} - 1$ ou $2\,147\,483\,647$ est premier. Réponse affirmative, en 15 minutes.

([1]) Jules Carpentier a suggéré, à cet égard, une modification rendant inutile toute intervention attentive de l'opérateur; elle consisterait à commander le mouvement de la machine par un petit moteur électrique qui s'arrêterait automatiquement au passage d'une solution sur la ligne d'investigation.

II. — CALCUL GRAPHIQUE.

ARITHMÉTIQUE ET ALGÈBRE GRAPHIQUES.

Dans le calcul graphique ordinaire, les nombres donnés sont transformés, au moyen d'une échelle métrique (double décimètre), en segments de droite sur lesquels on effectue une construction géométrique aboutissant à un autre segment de droite dont la longueur, mesurée aussi avec une échelle métrique, fait connaître le résultat cherché.

Exceptionnellement, les segments de droite soumis à l'opération peuvent avoir des longueurs proportionnelles, non plus aux nombres eux-mêmes, mais à certaines fonctions simples de ces nombres, telles que leur carré ou leur logarithme, les longueurs voulues étant alors fournies par les échelles fonctionnelles correspondantes (*étalon quadratique, étalon logarithmique*).

Il arrive aussi parfois, mais rarement, que l'on donne aux éléments géométriques soumis à l'opération la forme d'angles. C'est, en ce cas, l'échelle d'un rapporteur qui sert d'inscripteur à cotes.

Mais, dans l'immense majorité des cas, il ne s'agit, en calcul graphique, que de segments de droite déterminés au moyen d'échelles métriques.

Avec une telle figuration des nombres, on peut édifier une discipline permettant de ramener à de simples tracés graphiques, effectués suivant des règles fixes, toutes les opérations élémentaires de l'arithmétique et de l'algèbre.

Le premier essai qui semble avoir été tenté en ce genre a été dû à un ingénieur des Ponts et Chaussées français Cousinery dont le livre **10**, publié en 1840, à Paris, peut être regardé comme le point de départ des recherches poussées ultérieurement dans la même direction par divers géomètres, au premier rang desquels il convient de citer Cremona (**22**), et dont les exposés, assez développés, ont été donnés par plusieurs auteurs, notamment par Culmann dans la première partie de son grand traité (20) et par Favaro (25).

Un grand progrès a été réalisé dans cette voie par l'ingénieur des Ponts et Chaussées belge, et professeur à l'Université de Gand, Massau. De la masse imposante de ses publications (24), nous nous sommes efforcé, pour notre part, de dégager les principes, un peu noyés au milieu d'abondantes applications, d'ailleurs du plus haut intérêt pour les ingénieurs, afin de les présenter sous une forme plus simple, plus didactique, et suivant un enchaînement plus systématique; de là, les éléments d'algèbre graphique professés par nous pour la première fois dans un cours libre de la Sorbonne, en 1907 [1], et introduits depuis lors dans notre enseignement de l'École Polytechnique [2].

Il n'entre pas dans notre cadre de nous étendre sur ce sujet; il est toutefois curieux de noter que ces éléments d'algèbre, de même que ceux d'intégration graphique qui leur font suite, reposent tous sur une construction fondamentale unique qui peut s'énoncer ainsi (*fig.* 28) :

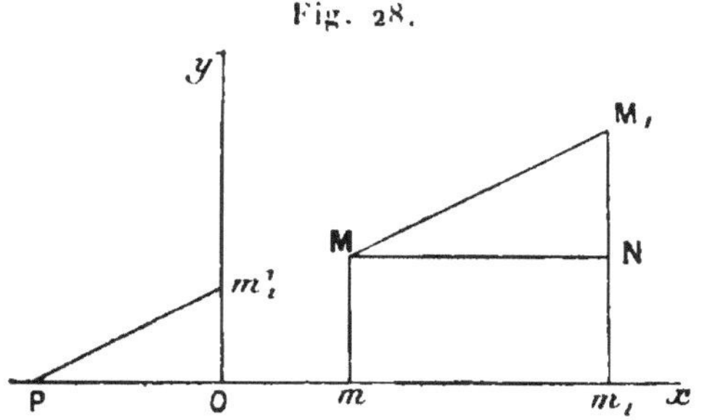

Fig. 28.

Si l'on fait usage des modules μ, μ_0, μ_1, *pour les longueurs portées respectivement sur* Ox, Oy *et les lignes de rappel (parallèles à* Oy), *si de plus on prend sur* Ox *le pôle* P *tel que* $PO = \delta = \dfrac{\mu\,\mu_0}{\mu_1}$, *il suffit de prendre* $mm_1 = a_1$, $O\,m'_1 = z_1$,

---

[1] 5, Chap. I.
[2] 7, Chap. IX, A.

el de lirer la parallèle MM_1 *à* Pm'_1 *pour que,* MN *élanl parallèle à* Ox, *on ail* $NM_1 = a_1 z_1$.

Cela permet, en portant sur Ox les segments $m_1 m_2 = a_2$, $m_2 m_3 = a_3$, ..., et, sur Oy, $Om'_2 = z_2$, $Om' = z'_3$, ..., d'obtenir, au moyen de la ligne polygonale $MM_1 M_2 M_3$ ..., dont les côtés sont parallèles aux rayons Pm'_1, Pm'_2, Pm'_3, ..., la valeur de $a_1 z_1 + a_2 z_2 + a_3 z_3 + ...$

Si donc l'ordonnée relative de M_n par rapport à M, mesurée avec le module μ_1, est a, on voit que

$$a_1 z_1 + a_2 z_2 + a_3 z_3 + ... + a_n z_n = a.$$

Par suite, si, ayant porté les coefficients $a_1, a_2, a_3, ..., a_n$, sur Ox, tiré les lignes de rappel de leurs extrémités, et marqué sur la première et la dernière les points M et M_n dont la différence d'ordonnées soit a (constituant ainsi ce qu'on peut appeler un *schéma graphique* de l'équation ci-dessus), on voit que toute ligne polygonale partant de M pour aboutir à M_n, et dont tous les sommets intermédiaires se trouvent respectivement sur les lignes de rappel correspondantes, déterminera, par les directions de ses côtés, un système de valeurs de z_1, z_2, z_3, ..., z_n, satisfaisant à l'équation donnée. En conséquence, si l'on applique ce mode de représentation aux n équations d'un système linéaire à n inconnues, on aura résolu ce système, si l'on parvient à fermer les schémas graphiques correspondants par des lignes polygonales ayant mêmes directions de côtés successifs, résultat qu'un théorème de Massau permet d'atteindre par application d'une méthode de fausse position (¹).

Une autre méthode, fondée sur un ingénieux procédé d'élimination graphique, a été donnée par M. Van den Berg (²).

Nous avons fait voir que la méthode de Lill pour la résolution graphique, par un rapide tâtonnement, des équations algébriques de degré quelconque, pouvait, elle aussi, être

---

(¹) 5, nᵒˢ 13 et 14; 7, nᵒ 233.
( ) 7, nᵒ 232.

rattachée à ce même principe (¹) qui se trouve ainsi dominer toute l'algèbre graphique.

Dans le cas du second degré, où elle ne comporte aucun tâtonnement, cette méthode de Lill se traduit par la construction très simple que voici :

Ayant pris deux axes rectangulaires Ox et Oy (*fig.* 29),

Fig. 29.

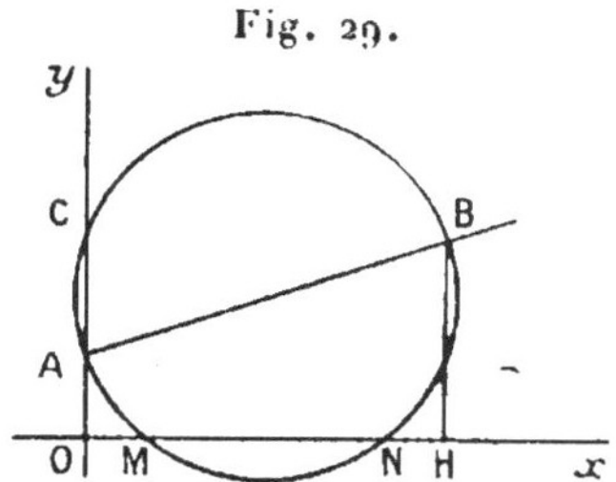

marquons sur Oy le point A tel que OA soit égal à l'unité choisie, puis prenons le point B dont les coordonnées, mesurées avec cette unité, soient

$$OH = -p, \qquad HB = q.$$

Le cercle décrit sur AB comme diamètre coupe l'axe Ox en des points M et N dont les abscisses OM et ON, mesurées toujours avec la même unité, sont les racines de l'équation proposée. La construction se justifie, au reste, immédiatement. On voit, en effet, sur la figure, que

$$OM + ON = ON + NH = OH = -p$$

et

$$OM.ON = OC.OA = HB.OA = q.$$

Mais le calcul graphique, au lieu d'être seulement employé à établir des résultats isolés, peut encore servir à déterminer

---

(¹) **5**, n° 18; **7**, n° 234. G. Arnoux a été amené, de son côté, à la même méthode et a imaginé, en outre, un appareil propre à réduire sensiblement les tâtonnements qu'elle comporte (*Bul. de la Soc. math. de France*, t. 21, 1893, p. 93). Cette méthode a encore été retrouvée par le commandant Deny (*Nouv. Ann. de math.*, 4ᵉ série, t. V, 1895, p. 193).

la suite continue des valeurs d'une fonction d'une variable $f(x)$ (les valeurs de x étant prises pour abscisses) par les grandeurs des ordonnées y correspondantes d'une courbe représentative qui constitue, dès lors, l'équivalent d'une table à simple entrée, et, qui plus est, entièrement interpolée.

C'est naturellement lorsque $f(x)$ est un polynome à exposants entiers tel que

$$a_0 + a_1 x + a_2 x^2 + \ldots + a_n x^n,$$

que la construction s'effectue le plus aisément. Dès 1761, J.-A. von Segner faisait connaître une telle construction ([1]), retrouvée depuis lors par Bellavitis ([2]), mais il en a encore été proposé d'autres, et notamment par Farid Boulad Bey, qui y a fait concourir ingénieusement certain principe de nomographie ([3]).

Exceptionnellement, on peut avoir à construire ce que le professeur R. Mehmke a appelé l'*image logarithmique* d'un polynome dont les abscisses et ordonnées sont proportionnelles, respectivement non plus aux valeurs de la variable et du polynome, mais à leurs logarithmes.

En vue de faciliter la construction en ce cas, M. Brauer a imaginé un compas spécial à trois branches dont les écartements sont liés mutuellement de façon à réaliser le mode de correspondance résultant de la définition des logarithmes d'addition de Leonelli et Gauss ([4]).

STATIQUE GRAPHIQUE.

La méthode graphique s'est particulièrement bien prêtée à l'exécution des calculs que comportent les problèmes de la statique plane. Ici les grandeurs soumises au calcul sont directement données sous forme de segments de droite,

---

([1]) **5**, n°s 19 et 20.
([2]) **25**, p. 204.
([3]) **5**, n° 75.
([4]) **5**, n° 22.

savoir les vecteurs représentatifs des forces entre lesquelles doivent être établis certains équilibres.

Les trois équations d'équilibre des forces situées dans un même plan sont susceptibles de revêtir, en effet, une forme géométrique des plus simples.

Si l'on appelle *polygone des forces* (ou *polygone dynamique*, ou encore polygone de Varignon) celui que l'on obtient en portant les uns à la suite des autres des vecteurs équipollents (même grandeur, même direction, même sens) à ceux qui représentent les diverses forces, et *polygone funiculaire* de ces forces pour un pôle donné, un polygone ayant ses sommets situés sur les lignes d'action des forces et ses côtés parallèles aux rayons qui unissent le pôle choisi aux sommets correspondants du polygone des forces, les conditions d'équilibre se résument en cet énoncé : *le polygone des forces et le polygone funiculaire pour un pôle quelconque se ferment.*

La résolution de tous les problèmes de statique plane, par une marche systématique, à partir de ce principe fondamental, constitue l'objet propre de la *statique graphique*, depuis longtemps introduite dans la pratique courante de tous les techniciens.

C'est à Culmann que revient l'honneur d'avoir, le premier, constitué la statique graphique à l'état de corps de doctrine homogène et autonome.

Mais divers savants ou ingénieurs s'étaient, avant lui, préoccupés de donner des solutions géométriques des problèmes qu'offre l'art des constructions.

« Poncelet, dit M. Favaro (¹), a fait usage des lignes pour la résolution d'un très grand nombre de problèmes de mécanique; mais la plupart de ces constructions ne sont pas directement graphiques; elles sont plutôt la traduction en langage géométrique d'expressions préalablement déduites de l'analyse...

(¹) 25, *Préface*, p. xxvi et xxix. Il est d'ailleurs juste de reconnaître que, même après le développement pris par la statique graphique, les solutions des problèmes de mécanique tirées de la géométrie ordinaire ne sont pas à dédaigner. On en doit notamment à Ed. Collignon un grand nombre de fort élégantes.

» ... Saint-Guilhem, Méry et beaucoup d'autres ont aussi donné, avant Culmann, d'intéressantes solutions graphiques de divers problèmes de statique relatifs à l'art de l'ingénieur; mais leurs recherches, limitées à certaines questions spéciales, n'ont pas eu pour effet de dégager les principes généraux qui auraient pu servir de base à de véritables méthodes.... »

On distinguerait plus justement les premiers linéaments du corps de doctrine en lequel devaient se fondre un jour les méthodes générales de la statique graphique dans deux importants Mémoires publiés par Lamé et Clapeyron alors qu'ils étaient au service du Gouvernement russe ([1]), et, plutôt encore, dans un beau travail du capitaine du génie Michon ([2]), alors professeur à l'École d'application de Metz, dont l'enseignement, dit M. Favaro, « tout à fait conforme à l'esprit des méthodes de la statique graphique, présente la première application directe des propriétés du polygone des forces et du polygone funiculaire à l'étude de la stabilité des voûtes et des murs de revêtement ».

D'autres essais peuvent être signalés en Angleterre, dus à Taylor ([3]), dessinateur chez le constructeur J.-B. Cochrane, à Rankine ([4]), à Clerk Maxwell ([5]) qui a même abordé la théorie des figures réciproques.

Mais, encore une fois, c'est Culmann qui, à partir de 1860, par son enseignement de l'École polytechnique de Zurich, est parvenu à grouper en un tout homogène les théories de la statique graphique (**20**).

([1]) *Journal des Voies de communication*, de Saint-Pétersbourg, décembre 1826, p. 35 et janvier 1827, p. 43.

([2]) *Instruction sur la stabilité des voûtes et des murs de revêtement*, lithographiée à Metz en novembre 1843, p. 22, 24, 26. Culmann reconnaît au surplus très explicitement sur ce point les droits de priorité de Michon (Préface de la traduction française de **20**, p. ix-x).

([3]) D'après le Mémoire du professeur Fleeming Jenkin : *On the practical application of reciprocal figures to the calculation of strains on framework* (*Trans. of the R. Soc. of Edinburgh*, vol. XXV).

([4]) *A manual of applied Mechanics;* Londres, 1872, n°s 115-124. Traduit de l'anglais sur la 7e édition par A. Vialay; Paris, 1876.

([5]) *Philosophical Magazine*, avril 1864. — *Trans. of the R. Soc. of Edinburgh*, vol. XXVI.

Après lui, il convient de citer Cremona, qui a montré tout
le parti que la statique graphique pouvait tirer de la théorie
des figures réciproques (21); Mohr qui, par l'assimilation de
la ligne élastique à un polygone funiculaire, a ouvert aux
méthodes nouvelles le domaine de la résistance des matériaux;
Maurice Lévy qui, dans un Ouvrage magistral (23), a porté
ces méthodes à un degré de généralité qu'on ne leur eût
d'abord pas soupçonné; Rouché enfin qui, par son enseignement du Conservatoire des Arts et Métiers (26), a contribué
à populariser la nouvelle doctrine, et à répandre son usage
parmi les constructeurs à qui elle rend d'immenses services,
après être restée longtemps plus spécialement l'apanage des
ingénieurs formés à l'École de Zurich, où Culmann en a jeté
les fondements.

Indiquons enfin d'un mot que, grâce à la considération de
la théorie toute moderne des complexes linéaires de droites,
le professeur B. Mayor, de Lausanne, est parvenu à constituer
une statique graphique de l'espace (¹) qui fournit d'élégantes
solutions géométriques des problèmes d'équilibre des forces
non situées dans un même plan.

INTÉGRATION GRAPHIQUE.

L'intégration graphique a pour objet la construction des
courbes intégrales représentatives des intégrales de fonctions,
elles-mêmes représentées par des courbes dont il s'agit dès
lors d'effectuer la quadrature, ou même d'intégrales de certaines équations différentielles.

Remarquons tout de suite qu'un tel mode de traitement
géométrique permet d'effectuer des intégrations portant, non
seulement sur des courbes représentatives de fonctions dont
l'expression analytique est connue, mais même de fonctions
définies empiriquement par des courbes traduisant des

(¹) **7**, t. II, Appendice 7. Le professeur Mayor a, depuis lors, grandement facilité l'étude de ses méthodes pour la publication de son *Introduction à la statique graphique des systèmes de l'espace* (Lausanne, 1926).

résultats d'expérience, ce qui, dans l'ordre de la technique, confère au procédé une très haute importance.

Si l'on considère l'intégrale $\int y\,dx$ comme la limite d'une somme d'éléments finis très petits $\Sigma y\,\Delta x$, on voit qu'il sera possible d'effectuer graphiquement la sommation substituée au calcul rigoureux de l'intégrale en utilisant le principe indiqué, à propos de l'algèbre graphique, pour les sommations de produits de deux facteurs. Pour obtenir par ce moyen une rigueur suffisante, on voit qu'il faudrait fractionner la courbe à intégrer en arcs assez petits pour qu'ils pussent être confondus sans erreur sensible avec leurs cordes, auquel cas le facteur y entrant dans chaque terme de la somme, serait l'ordonnée du milieu de la corde correspondante.

En vue d'obtenir une approximation équivalente sans avoir à recourir à un fractionnement en arcs aussi petits, Massau a imaginé de substituer à des arcs successifs de la courbe à intégrer, cette fois d'une courbure sensiblement plus accusée (ce qui réduit considérablement le nombre des arcs partiels), des arcs de parabole cubique qui leur soient tangents en leurs extrémités, ces arcs de parabole cubique étant intégrables par une construction géométrique simple (¹).

Massau a donné également une solution graphique du problème de l'intégration des équations différentielles du premier ordre. On peut considérer qu'une telle équation

$$f(x, y, y') = \mathrm{o},$$

définit, en chaque point (x, y), la direction de la tangente à la courbe intégrale de l'équation passant en ce point. Dès lors, si l'on considère les courbes le long desquelles y' a une même valeur k, courbes données par l'équation $f(x, y, k) = \mathrm{o}$, et dites *isoclines*, on voit que toutes les courbes intégrales traversent une même isocline (k) suivant une même direction de coefficient angulaire k. Nous avons, pour notre part, introduit sous le nom de *directrice* un élément qui facilite

---

(¹) 5, n° 305 ; 7, n° 238. A cet endroit, nous avons indiqué un criterium géométrique pour reconnaître qu'on avait une approximation suffisante.

grandement le tracé de ces courbes intégrales comme suite d'arcs de paraboles se raccordant en chaque point des isoclines effectivement tracées suivant la direction correspondante ([1]). Cette intégration graphique des équations différentielles doit d'importants perfectionnements au professeur C. Runge (**27**).

L'intégration graphique joue un rôle capital dans l'étude de la résistance des poutres chargées, les lignes des efforts tranchants et des moments fléchissants étant des intégrales première et seconde, et la fibre moyenne déformée une intégrale quatrième de la·ligne de charge.

Ces solutions graphiques approchées suffisent largement aux besoins courants de la technique. Toutefois, des tracés plus précis peuvent être obtenus, comme on va le voir, au moyen du calcul graphomécanique.

Les méthodes graphiques d'intégration du professeur Saviotti, analogues à celles de Massau, doivent aussi être mentionnées ([2]).

III. — CALCUL GRAPHOMÉCANIQUE.

GÉNÉRALITÉS.

Il arrive que l'on puisse substituer à une construction de calcul graphique le jeu d'un appareil réalisant entre divers points le mode de liaison géométrique voulu par cette construction. L'emploi de tels appareils constitue l'essence du calcul graphomécanique.

Si, par exemple, la construction envisagée ne comporte que des lignes droites, on conçoit *a priori* qu'elle puisse être remplacée par l'emploi d'un système de tiges rectilignes, réunies deux à deux par des articulations susceptibles, au besoin, de coulisser le long de chacune d'elles.

C'est ainsi que la construction de Segner, rappelée plus

([1]) **5**, nᵒˢ 41 à 43; **6**, nᵒˢ 245 à 247.

([2]) Publiées d'abord dans le *Giornale del Genio civile* (t. XX, 1882, p. 172), puis dans la *Revue universelle des mines* (2ᵉ série, t. XIII, 1883, p. 483).

haut pour le tracé des paraboles d'ordre supérieur représentatives des polynomes, a été, dès 1770, transformée en un appareil à tiges par J. Rowning [1], en vue de résoudre les équations algébriques par détermination des points d'intersection des paraboles représentatives de leur premier membre avec l'axe des x.

Si, d'autre part, on a déjà obtenu une certaine courbe C qui, par la correspondance entre ses abscisses et ses ordonnées, ou entre ses rayons vecteurs et ses angles polaires, est représentative d'une certaine fonction d'une variable, la courbe C′, représentative d'une autre fonction de la même variable, pourra se déduire de C par une transformation géométrique réalisable mécaniquement au moyen d'un appareil approprié.

A ce point de vue, par exemple, les inverseurs de Peaucellier ou de Hart [2] peuvent être regardés comme des instruments de calcul graphomécanique, et de même les systèmes articulés de Kempe [3] ou de M. Roudaire-Miégeville [4], servant au tracé des courbes algébriques de degré quelconque.

Nous citerons encore l'ingénieux appareil de l'ingénieur en chef de la Marine Barrillon, résultant d'une combinaison de deux inverseurs Peaucellier [5], et propre à effectuer mécaniquement le tracé des champs hydrodynamiques.

Mais le domaine où le calcul graphomécanique rend le plus de services est celui de l'intégration définie ou indéfinie, grâce aux appareils dits *intégromètres* dans un cas, *intégraphes* dans l'autre [6].

---

(1) *Lond. Trans.*, t. LX, 1770, p. 240. D'après Borgnis (*Recueil complet de mécanique appliquée aux arts*, t. VIII, 1820, p. 226), un tel appareil aurait été antérieurement imaginé par Clairaut.

(2) **7**, n° 167.

(3) **7**, note 6 de l'Appendice. Kempe conserve le mérite d'avoir le premier démontré la possibilité de la description mécanique de toutes les courbes algébriques, mais la solution de M. Roudaire-Miégeville est plus simple.

(4) *C. R.*, t. 176, 1923, p. 359 et t. 181, 1925, p. 97.

(5) *C. R.*, t. 182, 1926, p. 571.

(6) Pour la description détaillée de tous ces appareils, on pourra se reporter au livre de M. H. de Morin intitulé *Les appareils d'intégration* (Gauthier-Villars, 1913).

INTÉGROMÈTRES.

Les intégromètres sont des appareils qui, lorsqu'un traçoir lié au mécanisme parcourt un contour donné, enregistrent la valeur de certaines intégrales définies (aire, moment statique ou moment d'inertie par rapport à un axe également donné, etc.) liées à ce contour.

Les plus simples de ces appareils sont les *planimètres* qui font connaître l'aire contenue à l'intérieur du contour que l'on fait parcourir au traçoir.

Dès 1827, l'ingénieur suisse Hoppikoffer imaginait un

Fig. 3o.

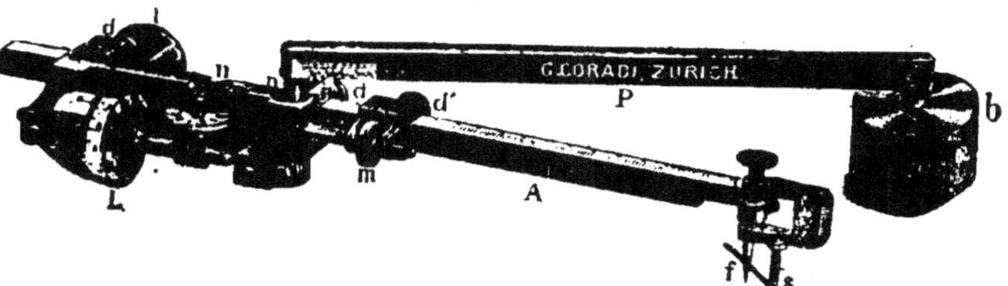

appareil de ce genre, mais ce n'est qu'en 1854 que le compatriote Amsler du précédent inventeur, en découvrant le principe du planimètre polaire (*fig.* 3o), a donné pour la première fois, une solution vraiment pratique de la question, solution qui, depuis lors, a donné lieu à de nombreuses variantes. Le principe sur lequel s'est appuyé Amsler, peut être ainsi énoncé : 1° si l'extrémité A d'une tige AB de longueur constante (*fig.* 31) parcourt le contour (A) pendant que l'extrémité B va et vient sur un arc de ligne quelconque (B), l'aire ∂, contenue à l'intérieur de (A), est égale à l'aire balayée par la tige AB après un tour complet de A; 2° l'aire balayée par AB est proportionnelle au déroulement d'une roulette roulant sans frottement sur le plan du dessin et dont l'axe reste invariablement parallèle à AB ([1]).

____

[1] 7, n°ˢ 249 et 250.

Dans le planimètre polaire d'Amsler ([1]), la ligne sur laquelle reste le point B est un cercle, au centre O duquel le point B est uni par une autre tige OB; dans celui de Petersen, la roulette est remplacée par un manchon fixé à AB, dans la direction perpendiculaire à cette tige, dont un dispositif simple permet d'enregistrer les déplacements dans le sens de

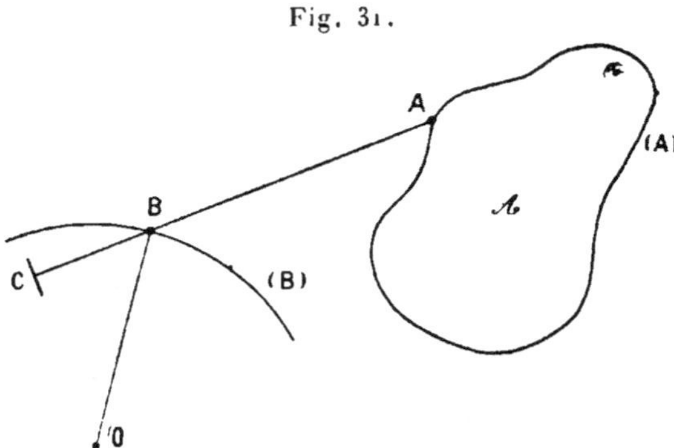

Fig. 31.

son axe, équivalents aux déroulements correspondants de la roulette d'Amsler.

D'autres planimètres, dits *à rotation*, fondés sur le principe d'abord envisagé par Hoppikofer (qui fait intervenir le roulement d'une roulette non plus sur un plan, mais sur un cône, dont la génératrice passant par le point de contact est constamment parallèle à l'axe de la roulette), ont encore été imaginés par Wetli, Richard, Amsler, J. Thomson ([2]).

Quand l'axe de la roulette enregistrante, au lieu d'être maintenu parallèle à la tige AB, tourne, grâce à l'adjonction de roues planétaires, d'angles doubles ou triples de ceux dont tourne AB entre les mêmes positions, on obtient les moments statiques ou les moments d'inertie par rapport à un axe sur lequel le point B est astreint à rester. Tel est le principe de l'intégromètre de Marcel Deprez pour la détermination des moments statiques et des moments d'inertie ([3]).

([1]) **7**, n° 251.
([2]) Sur tous ces planimètres, *voir* **29**, Chap. I.
([3]) **7**, n° 253. — **29**, p. 107.

Dans un autre intégromètre, dû au professeur Hell-Shaw (¹), les roulettes intégrantes ne reposent plus directement sur la feuille du dessin, mais sont entraînées par la rotation de sphères avec lesquelles elles sont directement en contact.

Il existe aussi des intégromètres se prêtant à la détermination d'autres intégrales définies liées à des lignes que l'on fait encore suivre à un traçoir. De ce nombre sont les *analyseurs harmoniques* destinés au calcul, sous forme d'intégrales définies, des coefficients de la série de Fourier fournissant l'expression analytique de phénomènes résultant de la superposition de plusieurs ondes périodiques, comme il s'en rencontre dans l'étude des courants alternatifs ou des marées. Les plus connus de ces analyseurs sont ceux de Lord Kelvin, Henrici, Yule, Boucherot, Sharp (²).

Lord Kelvin a, de plus, imaginé un appareil propre à effectuer l'opération inverse, c'est-à-dire à tracer la courbe représentative d'une fonction donnée par son développement en série de Fourier connaissant les valeurs des coefficients fournis par l'analyse harmonique. C'est en vue de la prédiction des marées que l'illustre physicien-mathématicien a combiné cet appareil auquel il a donné le nom de *Tide predictor* (³). On voit que, si la courbe des marées a été relevée pendant un temps suffisamment prolongé en un point quelconque du littoral des mers, l'emploi successif de l'analyseur harmonique et du Tide predictor permet de tracer la courbe des marées pour l'avenir en ce même point.

Le capitaine danois Prytz a fait la curieuse remarque que si l'extrémité A d'une tige AB décrit en entier le contour d'une aire S tandis que son autre extrémité B librement traînée décrit une tractrice de ce contour, l'aire S est sensiblement égale au produit de la longueur AB par l'arc, limité aux positions initiale et finale de B, du cercle ayant pour centre la position initiale et finale unique de A. Pour l'application de ce principe, il a muni l'extrémité A d'un traçoir, l'extré-

---

(¹) **29**, p. 102.
(²) **29**, Chap. IV.
(³) **7**, n° 164.

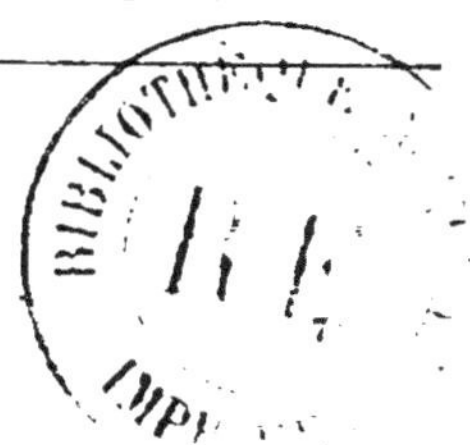

mité B d'une petite hachette entamant le papier, constituant ainsi ce qu'il a appelé le *planimètre-hachette* (¹).

En liant ce planimètre-hachette à un certain système de tiges articulées, M. l'Ingénieur général d'artillerie navale Jacob est parvenu à constituer un intégrateur à lame coupante permettant l'intégration des équations différentielles des types de Riccati et d'Abel, moyennant le tracé préalable, pour le guidage du traçoir, d'une courbe dont les coordonnées se déduisent des coefficients de l'équation donnée par de simples quadratures (²).

INTÉGRAPHES.

S'il ne s'agit plus seulement d'obtenir la valeur numérique de certaine intégrale définie, mais les *courbes intégrales* représentatives d'intégrales indéfinies, il faut avoir recours aux intégraphes dont l'idée première a été donnée dès 1836 par Coriolis dans le *Journal de Mathématiques* de Liouville (³). Cette idée première consiste à orienter à chaque instant, sur la feuille où doit être tracée la courbe intégrale, une roulette coupante dans la direction fixée par la valeur de $\frac{dy}{dx}$ la roulette étant suffisamment pressée contre cette feuille pour que son déplacement instantané ne puisse s'effectuer que dans la direction de sa tangente au point de contact.

L'idée était reprise dès 1861 par Zmurko et réalisée dans un appareil décrit en 1884 dans le *Cosmos*. D'autres types ont été proposés par divers inventeurs, notamment par Boys et par Mestre ; mais c'est celui qui a été imaginé par l'ingénieur Abdank-Abakanowicz et perfectionné dans ses détails par le constructeur Coradi (*fig.* 32), qui a fourni la solution aujourd'hui la plus répandue du tracé continu des courbes intégrales dans le cas des simples quadratures. Cet appareil est fondé

(¹) **7**, n° 252. — **39**, p. 42.

(²) Pour plus de détails, *voir* **15**, p. 370 et 383. *Voir* aussi **7**, Appendice 8.

(³) Sur les différents types d'intégraphes pour quadratures, *voir* **29**, Chap. III.

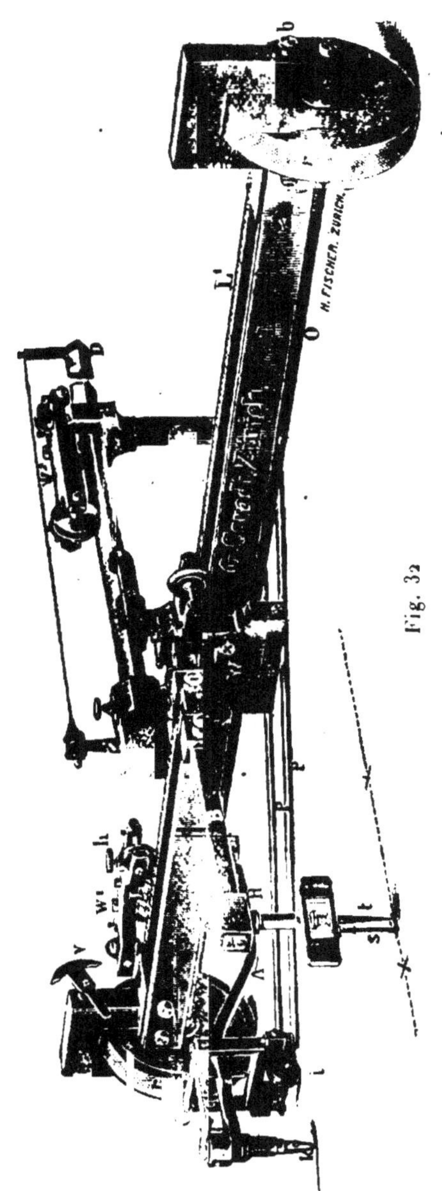

Fig. 32

sur ce principe que la direction de la tangente à la courbe
intégrale est constamment parallèle à la direction de la droite
joignant le point décrivant M_0 de la courbe intégrée (*fig.* 33)
à un point P de l'axe des x restant à une certaine distance
constante du pied P_0 de l'ordonnée du point M_0. Il suffit donc
de maintenir l'axe de la roulette R perpendiculaire à la direction de M_0 P (ce que l'on obtient par l'intermédiaire d'un paral-

Fig. 33.

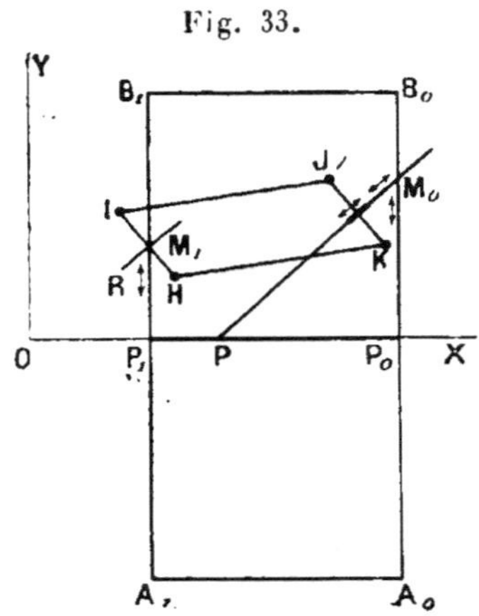

lélogramme articulé) pour que le roulement instantané de
la roulette s'effectue dans la direction voulue.

Lorsqu'au lieu d'une simple quadrature, on a affaire à
l'intégration d'une équation différentielle du premier ordre
de type quelconque, la façon dont varie la direction de la
tangente à la courbe intégrale se présente sous une forme
plus compliquée.

Toutefois, en certains cas — et même, peut-on dire, dans
tous les cas usuels — on parvient à lier à l'équation donnée
une courbe de construction facile à faire parcourir au traçoir,
de telle sorte qu'une liaison mécanique relativement simple
permette de déduire de la position de ce traçoir la direction
à donner, à chaque instant, à l'axe de la roulette pour lui
faire décrire la courbe intégrale voulue.

Le professeur Ernesto Pascal, de l'Université de Naples,
s'est spécialement consacré à l'étude de ces intégraphes.

Les très remarquables résultats de ses recherches ont été soigneusement consignés par lui en une curieuse brochure (30) dont nous avons introduit quelques extraits dans notre cours de l'École Polytechnique (¹).

Parmi les types d'équations différentielles du premier ordre que M. Pascal est ainsi parvenu à intégrer mécaniquement, nous citerons l'équation de Riccati, l'équation linéaire la plus générale, l'équation du mouvement des projectiles dans l'air. Celle-ci mérite une mention spéciale. On sait, en effet, que la principale difficulté du problème de la balistique extérieure tient à la détermination d'une expression analytique de la loi de variation de la résistance de l'air avec la vitesse du projectile, qui serre d'assez près la réalité tout en permettant l'intégration de l'équation différentielle où elle intervient. L'intérêt exceptionnel de la solution graphomécanique du professeur Pascal tient à ce que, en partant de la courbe représentative de la loi de résistance de l'air supposée obtenue empiriquement, et dont l'expression analytique peut rester complètement ignorée, on peut, par le jeu de plusieurs intégraphes successifs, parvenir à l'exact tracé de la trajectoire qui en résulte pour un projectile donné. C'est là un cas bien net où la méthode graphomécanique permet d'obtenir très simplement des résultats pratiques qui ne sont que très difficilement accessibles par la voie analytique.

M. Pascal a fait également connaître des intégraphes opérant sur les coordonnées polaires. Le plus simple d'entre eux se prête remarquablement bien au calcul des intégrales elliptiques de première et de seconde espèce prises sous la forme classique (²).

Enfin, le professeur Pascal a montré comment certains intégraphes pouvaient se prêter à la résolution numérique des équations intégrales du type de Volterra (³).

Le P. Scatizzi, professeur à l'Université grégorienne de

(¹) **7**, nᵒˢ 256 à 260. Les exemples donnés à cet endroit sont tous empruntés à **30**.

(²) **7**, nᵒ 260.

(³) **7**, nᵒ 259.

Rome, a, de son côté, apporté d'importantes contributions à l'étude des intégraphes ([1]).

On doit aussi à M. A. Kriloff un type d'intégrateur applicable à toutes les équations différentielles ordinaires, quels que soient leur ordre et leur forme ([2]).

IV. — CALCUL NOMOGRAPHIQUE

GÉNÉRALITÉS.

Si, aux diverses variables entrant dans une équation, on a fait correspondre respectivement des systèmes d'éléments géométriques, cotés au moyen des valeurs de ces variables, et tels qu'entre les éléments correspondant à un ensemble de ces valeurs satisfaisant simultanément à l'équation donnée il existe une liaison graphique simple, d'une immédiate constatation à vue, on a réalisé une représentation graphique de cette équation qui permet, si l'on se donne les valeurs de toutes les variables moins une, d'avoir, par simple lecture, la valeur correspondante de cette dernière.

On obtient ainsi, en quelque sorte, des *images des lois mathématiques* énoncées symboliquement au moyen des signes de l'algèbre, images que l'on peut comprendre sous le terme générique de *nomogrammes* (de νόμος, loi; γράφω, je dessine). La théorie de leur formation et de leur emploi a reçu le nom de *nomographie* ([3]).

Ces nomogrammes peuvent d'ailleurs être constitués par des systèmes cotés soit fixes, soit mobiles les uns par rapport aux autres. A cet égard, on voit que les règles à calcul, abstraction faite de leur support matériel, peuvent être regardées comme de purs nomogrammes.

Cette première notion un peu vague, qui va être précisée

([1]) *Nuovo Cimento*, numéro de juillet 1914 et d'avril-mai-juin 1921.

([2]) *Bull. de l'Acad. Imp. des Sc. de Saint-Pétersbourg*, numéro de janvier 1904.

([3]) Employé pour la première fois dans le titre de la brochure 2.

davantage, montre déjà que les nomogrammes peuvent être considérés comme des tables de calculs tout faits. Mais la forme graphique qu'ils revêtent leur assure de précieux avantages par rapport aux tables numériques ordinaires, et tout d'abord : grosse économie du temps employé à les établir; inscription dans un cadre bien plus restreint; grande facilité de l'interpolation ici pratiquée par l'estime à vue.

On doit, il est vrai, reconnaître que, sous les dimensions usuelles, les nomogrammes ne peuvent fournir qu'un nombre restreint, généralement trois, quatre au plus, de chiffres significatifs du résultat, tandis que les barèmes peuvent se prêter à tel degré d'approximation que l'on veut.

Donc, là où l'on a besoin d'un grand nombre de chiffres, comme dans les calculs des astronomes, ou des financiers, l'emploi des nomogrammes ne peut intervenir qu'en vue d'une première approximation, ce qui, au reste, n'est pas négligeable.

Mais il existe, par ailleurs, des champs immenses d'applications où le degré d'approximation que permettent les nomogrammes est largement suffisant, notamment dans les diverses branches de la science de l'ingénieur. Il est, au surplus, inutile d'insister davantage à ce propos, les faits ayant depuis longtemps et abondamment fourni la preuve de ce qui est ici allégué.

Il est toutefois deux points sur lesquels s'affirme pour les nomogrammes une supériorité décisive. En premier lieu, ils peuvent, comme on l'indiquera plus loin, se prêter à un accroissement, pour ainsi dire, indéfini du nombre des entrées. En second lieu, ils permettent de déterminer tout aussi facilement les valeurs des fonctions implicites que celles des fonctions explicites. C'est, peut-on dire, lorsqu'on représente une certaine équation par un nomogramme, la construction même de ce nomogramme qui la *résout*. Cette idée sera rendue beaucoup plus claire par des exemples subséquents. Nous y reviendrons à cette occasion. On peut d'ailleurs aisément pressentir le genre de difficulté que l'on éprouve à construire un barème pour une fonction implicite, attendu que, pour chaque état des données, la valeur de l'inconnue ne s'obtient qu'au prix d'une méthode indirecte, exigeant parfois des calculs fort longs.

Aussi, sous ce dernier point de vue, l'intérêt qui s'attache aux nomogrammes est-il véritablement primordial et les fait-il apparaître comme un outil mathématique des plus précieux.

Avant d'aborder la description sommaire des types de nomogrammes les plus courants, nous pensons devoir jeter un coup d'œil sur leur développement historique.

Coup d'œil sur l'histoire de la nomographie.

Il est très curieux de noter que les premières traces des notions qui devaient venir se grouper un jour dans ce corps de doctrine peuvent être discernées dans un certain nombre d'instruments imaginés dès le moyen âge en vue de divers calculs astronomiques, tels que ce *quadratum horarium generale* décrit, au XVe siècle, par Regiomontanus dans son *Calendarium* [1].

On peut, d'autre part, voir dans l'échelle logarithmique de Gunter, dont l'invention remonte au XVIIe siècle, un premier exemple de la représentation d'une fonction par un axe gradué; c'est, enfin, la Géométrie de Descartes, qui a établi la possibilité de la représentation de toutes les fonctions par des courbes.

Mais ce n'est que dans l'*Arithmétique linéaire* de Pouchet (**31**), parue à Rouen en 1797, que se rencontre le premier essai de construction systématique de tables graphiques à double entrée, préparant la voie aux méthodes de la nomographie [2].

---

[1] Consulter à ce propos notre étude intitulée *Le Calcul nomographique avant la nomographie*, insérée dans les *Annales de la Société scientifique de Bruxelles* (t. XLVI, 1926, p. 55).

[2] Cet ouvrage constituait la deuxième édition du livre : *Échelles graphiques des nouveaux poids, mesures et monnaies de la République française*. Dans la première édition, la lecture du tableau suppose l'emploi du compas, qui se trouve supprimé dans la seconde, où, par suite, le tableau devient effectivement nomographique.

Les tables de Pouchet sont très exactement des abaques à deux entrées du type ordinaire, ou cartésien, décrit plus loin; mais on peut citer des exemples antérieurs de telles tables, établis en vue de certains calculs particuliers ([1]).

Pouchet s'est d'ailleurs parfaitement rendu compte de la portée de la méthode qu'il inaugurait, comme on en peut juger par les extraits suivants de son livre, reproduits par M. Favaro dans la préface de ses *Leçons de Statique graphique* (t. I, p. 20) :

« L'avantage du calcul graphique ([2]) est la faculté d'opérer avec promptitude et sans nécessité de plume, papier ni encre, puisqu'il présente, en quelque sorte, une table universelle de comptes faits.... Cette arithmétique linéaire peut devenir universelle comme le calcul ordinaire. »

Nous ne saurions même, quelle que soit l'autorité de ces deux auteurs, nous associer à Lalanne et à M. Favaro (*loc. cit.*, p. 21) lorsqu'ils formulent le regret que Pouchet n'ait pas vu dans ses *lignes d'égal élément* les projections, sur le plan du tableau, des sections parallèles à ce plan faites dans certaines surfaces, ce qui lui eût permis d'identifier de prime abord, comme Terquem devait le faire plus tard ([3]), les abaques ordinaires à deux entrées à la représentation des surfaces topographiques ([4]).

([1]) Notamment les *Longitud Tables* et *Horary Tables* de Margetts, parues à Londres en 1791. M. P. Luckey, dans une intéressante étude parue en 1923 sous le titre de *Zur aelteren Geschichte der Nomographie,* a fait voir qu'il était possible de retrouver de tels exemples en remontant même jusqu'aux origines de la science grecque et de la science arabe, Il cite, à ce propos, l'*Analemma* de Ptolémée.

([2]) Il s'agit ici de ce que, dans le présent ouvrage, nous appelons le *calcul nomographique.*

([3]) *Mémorial de l'Artillerie*, 1838. Cette remarque est formulée à propos des tables graphiques de Bellencontre citées plus bas. Le même volume contient une autre note de Terquem sur les tables de d'Obenheim.

([4]) D'après M. Favaro (25, p. 154), l'usage des *courbes de niveau,* connu dès le XVIᵉ siècle (*Astronomique Discours*, de Jacques Bassantin, 1557), familier aux Hollandais du XVIIᵉ (*Art du Fontainier*, du P. Jean-François, 2ᵉ éd., 1665, p. 25), a été proposé pour la représentation du

La remarque de Terquem tend évidemment à donner une forme géométrique simple au principe de ces nomogrammes particuliers, mais on ne saurait en tirer un bien grand bénéfice, un mode de génération analogue ne pouvant s'étendre aux nomogrammes plus généraux sur lesquels, comme le faisait Pouchet sur les siens, on n'a qu'à considérer des systèmes plans d'éléments cotés, entre lesquels on établit certaine liaison graphique, sans se préoccuper de les rattacher à aucun être géométrique extérieur à ce plan.

Parmi les auteurs qui, à dater de cette époque, ont eu recours à ce mode de représentation graphique des formules à deux entrées, on peut citer d'Obenheim [1], officier du Génie, professeur à l'École de Strasbourg; Bellencontre [2], chef d'escadron d'Artillerie; Allix [3], ingénieur de la Marine; Davaine, ingénieur des Ponts et Chaussées.

Léon Lalanne, lui aussi ingénieur des Ponts et Chaussées, qui, dès 1842, avait proposé l'emploi de tables graphiques de ce genre pour le calcul des profils de terrassements, dans un appendice au *Résumé du cours de construction* de Sganzin,

---

relief du globe, par Philippe Buache (*Mémoires de l'Académie des Sciences* pour 1752), Ducarla (*Expression des nivellements,* 1782) et Dupain-Triel (*Méthode nouvelle de nivellement,* 1804).

Le même procédé de notation graphique, appliqué à d'autres éléments physiques, que, dès le xviie siècle, Halley utilisait pour la déclinaison magnétique, a donné naissance aux lignes *isothermes* de Humboldt (1813) et, depuis lors, à une foule de lignes analogues parmi lesquelles les *isobares*, publiées chaque jour par le Bureau central météorologique, sont particulièrement populaires.

Enfin, la traduction, sous cette forme, de résultats d'expériences dépendant de deux données variables, utilisée dès 1825 par Piobert (*Mémorial de l'Artillerie*, t. I, 1826), est entrée depuis longtemps dans la pratique journalière de tous les techniciens. *Voir* l'ouvrage de M. le professeur Marey : *La méthode graphique dans les sciences expérimentales* (Paris, Masson, 1878).

[1] *Balistique,* 1814. — *Mémoire contenant la théorie, la description et l'usage de la planchette du canonnier,* 1818.

[2] *Mémorial de l'Artillerie*, 1830. Il s'agit d'une construction graphique des tables de Lombard, qui a été, pour Terquem, l'occasion de la remarque mentionnée plus haut.

[3] *Explication d'un nouveau système de tarifs,* 1840.

formula en 1843 le principe de *l'anamorphose* aujourd'hui classique (¹), dont il sera question plus loin, et qui, en réduisant, dans un grand nombre de cas, toutes les lignes à tracer à de simples droites, favorisa grandement l'essor de ces tables graphiques à deux entrées, ou *abaques* (suivant l'expression même de Lalanne).

On verra par la suite que le principe de l'anamorphose, , d'abord imaginé sur un cas particulier par Lalanne, n'a été énoncé avec toute sa généralité qu'en 1884 par Massau, ingénieur au corps belge des Ponts et Chaussées, professeur à l'Université de Gand (²).

En 1884 également, nous avons, pour notre part, introduit dans le domaine des représentations graphiques une réforme beaucoup plus profonde en ne prenant plus comme éléments cotés que des points au lieu même de simples droites. Cette réforme a d'ailleurs entraîné une conséquence capitale en nous conduisant, en 1891, à une méthode de grande généralité (³)

(¹) *C. R.*, 2º sem. 1843, p. 492. Le sujet a été ensuite développé dans 32. En ce qui concerne l'application de cette méthode au calcul des profils de terrassements, Lalanne améliora sensiblement la disposition de ses tables (*Ibid.*, 1ᵉʳ sem. 1850), en utilisant une idée ingénieuse que l'ingénieur des Ponts et Chaussées Davaine avait mise en œuvre dans des tables sans anamorphose qu'il avait combinées de son côté (*Mémoires de la Société des Sciences de Lille*, 1845). Un résumé très complet des travaux de Lalanne sur les méthodes graphiques de calcul a été donné par lui-même dans le volume de *Notices* publié par les soins du Ministère des Travaux publics à l'occasion de l'Exposition universelle de 1878 (p. 429 à 484). Il y fait ressortir que les publications faites en Allemagne sur le même sujet par MM. Herrmann (1875), Helmert (1876) et Vogler (1877), et en Hollande par M. Kapteyn (1876), n'ont rien ajouté d'essentiel à sa méthode.

(²) **24**, Livre III, Chap. III, 2.

(³) **1**, Méthode développée sous le nom de *méthode des points isoplèthes* dans les Chapitres IV et VI de notre brochure de 1891 ; elle a pris toute son ampleur, dans les Chapitres III et V de notre *Traité* de 1899, sous le nom que nous lui donnons ici.

Nous saisirons cette occasion pour faire remarquer que si les solutions données précédemment par divers auteurs, notamment par Möbius (*Journal de Crelle*, t. 22, p. 280), par Kutter et Ganguillet (*Oester. Ing. und Arch. Ver. Zeitschr.*, t. XXI, 1869, p. 50) pour certains problèmes particuliers, ont pu être rattachées, *a posteriori*, à la méthode des points fournissant la représentation *directe* d'équations à plus de trois variables non dissociables en une suite d'équations à trois variables seulement. Et c'est pourquoi on peut dire que la méthode des *points alignés* a, pour la première fois, *effectivement* permis la réduction à une représentation plane de variétés à quatre dimensions.

Toutefois, et bien qu'il ne fournisse pas une représentation directe dans le cas de plus de trois variables, l'artifice de la dissociation dont l'intérêt pratique est indéniable, avait été utilisé de façon systématique — bien qu'encore sous une forme assez particulière —, dès 1885, par M. Lallemand, à l'occasion de ses *abaques hexagonaux* (**33**) qui, dans le cas de trois variables, rentrent dans la catégorie des abaques anamorphosés de Lalanne, à la disposition près, très heureusement modifiée en vue de réaliser certains avantages pratiques.

Le rapprochement de toutes ces méthodes, assez diverses en apparence et tirées de points de départ tout différents, donna à l'auteur du présent ouvrage l'idée de les fondre en un seul exposé d'ensemble en les faisant dériver systématiquement d'un point de départ unique ([1]); telle a été l'origine de la *nomographie.*

---

alignés (de même que la transformation de Mercator l'a été au principe de l'anamorphose), ces solutions ne mettaient point en évidence les principes généraux d'où devaient découler les applications systématiques de cette méthode. On pourrait répéter ici ce qui a été dit plus haut (p. 90) des solutions particulières qui ont précédé la statique graphique.

Pour plus de détail sur ce sujet, se reporter à notre mémoire *Le Calcul nomographique avant la nomographie* (*Ann. de la Soc. scient. de Bruxelles,* t. XLVI, 1926, p. 55).

([1]) Une phrase ambiguë de l'avant-propos de notre brochure 2 (p. 4), phrase qui s'appliquait aux abaques *en général* (et non aux seuls abaques hexagonaux cités dans un alinéa précédent) a pu faire croire que c'est la théorie de ceux-ci qui a servi d'embryon à nos propres travaux. Nous ferons remarquer que nos recherches personnelles, livrées au public dès 1884, sont tout à fait distinctes de celles de M. Lallemand, qui ne l ont été qu'en 1886, et que nous nous sommes borné à rattacher ensuite, comme celles de Lalanne, de Massau, etc., et comme les nôtres propres, à notre exposé d'ensemble, développé suivant un plan systématique.

Ce corps de doctrine, ébauché pour la première fois en 1891 (2), a pris toute son ampleur dans le *Traité* publié en 1899 (3), qui devait aboutir, dans son Chapitre VI, à la théorie morphologique la plus générale englobant tous les modes *possibles* de représentation nomographique.

C'est cette théorie qui va former la trame de l'exposé qui suit. La classification à laquelle elle nous avait d'abord conduit a, depuis lors, été simplifiée dans nos ouvrages **4** et **5**.

On peut dire que le traité de 1899 a définitivement fondé l'autonomie du calcul nomographique au regard du calcul graphique proprement dit (¹), au milieu duquel, jusque-là, ses premiers linéaments s'étaient trouvés égarés.

Remarquons, en outre, que la nomographie n'a pas seulement l'avantage de synthétiser en un ensemble homogène des procédés particuliers qui pouvaient passer *a priori* pour quelque peu disparates, et, par suite, de faciliter singulièrement leur étude à ceux qui les abordent pour la première fois, mais encore de permettre de multiplier dorénavant ces procédés, d'après une marche rationnelle, en les appropriant aux exigences nouvelles auxquelles on pourra avoir affaire.

Ajoutons que M. Gercevanoff a fait voir (**37**) le parti qui peut être tiré de la nomographie pour l'intégration graphique ou graphomécanique (²)

(¹) Qu'il nous soit permis, à ce propos, d'invoquer l'autorité de Maurice Lévy, le principal initiateur en France de la statique graphique, qui a écrit (*G. C.*, t. XXXV, p. 425) : « Remplacer les calculs numériques qu'exigent les applications de la science, dans leur multiple variété, par des tableaux graphiques qui en fournissent les résultats à simple vue, toutes les fois que les représentations graphiques sont susceptibles d'une approximation suffisante, tel est l'objet d'un *nouveau chapitre de la science*, qui mérite de prendre place *à côté* de la géométrie descriptive et de la statique graphique, que M. Maurice d'Ocagne, ..., a constitué en corps de doctrine, et auquel il a proposé de donner le nom de *nomographie*. » (Les mots soulignés dans ce texte l'ont été par nous.)

(²) Des résumés de la doctrine nomographique, inspirés plus ou moins directement des divers exposés que nous en avons nous-même donnés, ont été publiés dans la plupart des langues, notamment, en *allemand*, par F. Schilling (Leipzig, 1900), P. Luckey (Berlin, 1918), F. Krauss

Après ce court aperçu historique sur le calcul nomographique, nous allons fournir quelques indications sur ses principes les plus usuels en nous inspirant de la théorie susmentionnée de la structure des nomogrammes, envisagée de la façon la plus générale.

Structure générale des nomogrammes.

A la suite continue des valeurs que peut prendre une variable z, entre des limites déterminées, on fait correspondre les éléments géométriques, points ou lignes, d'un système défini au moyen d'un paramètre pris égal à z, chacun de ces éléments ayant pour cote la valeur correspondante de z. On ne peut, bien entendu, faire figurer sur le dessin que des éléments répondant à des valeurs de z croissant de façon discontinue (généralement en progression arithmétique), les éléments répondant aux valeurs intermédiaires de z étant intercalés mentalement entre les précédents par ce qu'on appelle une *interpolation à vue*.

Lorsque les éléments cotés sont des points, leur ensemble constitue une *échelle*, à support d'ailleurs quelconque; si ce support est rectiligne et que, sur ce support, la distance du point coté z à l'origine soit proportionnelle à la fonction $f(z)$, on a une *échelle de cette fonction;* les plus usuelles sont les échelles *métrique*, *logarithmique* et *trigonométriques* (sinus tangentes, ou leurs logarithmes). La construction des échelles

---

(Berlin, 1922), B. M. Konorsky (Berlin, 1923), O. Laemann (Berlin, 1923), P. Werkmeister (Berlin, 1923), K. Schwerdt (Berlin, 1924); en *anglais*, par le P. de Beaurepaire (Madras, 1907), C. Runge (New-York, 1912), R. K. Hezlet (Woolwich, 1913), J. Peddle (Londres, 1910, 2ᵉ éd., 1919), Brodetzky (Leeds, 1920), J. Lipka (New-York, 1921), Henz et Sewarp (New-York, 1926), A. Esnouf (Port-Louis, Ile Maurice, 1926); en *arabe*, par F. Boulad-Bey (Le Caire, 1908); en *japonais*, par K. Ogura (Tokio, 1923); en *espagnol*, par R. Seco de la Garza (Madrid, 1910), L. Guttierez del Arroyo (Madrid, 1914); en *hollandais*, par F. J. Vaës (Rotterdam, 1902); en *italien*, par G. Pesci (Livourne, 1901), G. Ricci (Rome, 1901); en *polonais*, par W. Làska (Lemberg, 1904), F. Ulkowski (Lemberg, 1905); en *roumain*, par J. Jonesco (Bucarest, 1900); en *russe*, par N. Gercevanof (Saint-Pétersbourg, 1906), etc.

qui se rencontrent dans la pratique s'opère généralement, à partir de celles-ci, par des tracés simples.

Quand il s'agit de systèmes de lignes cotées, sans entrer dans aucun détail à cet égard, on peut indiquer d'un mot qu'on les obtient en construisant les échelles que ces systèmes déterminent sur diverses transversales et unissant ensuite les points de même cote de ces échelles par un trait continu, comme on le fait, sur les épures de géométrie descriptive, pour tracer les lignes d'intersection des surfaces, obtenues point par point.

D'une manière générale, on ne peut pas figurer sur le dessin un système de lignes à deux cotes (c'est-à-dire dépendant de deux paramètres) et, *a fortiori*, à plus de deux cotes; mais on y peut figurer un système de *points à deux cotes*, ceux-ci apparaissant comme points d'un *réseau* constitué par l'entre-croisement de deux systèmes de lignes, à une cote chacun, z_1 pour l'un, z_2 pour l'autre, le point (z_1, z_2) étant alors commun à la ligne (z_1) de l'un des systèmes et à la ligne (z_2) de l'autre.

La structure de tout nomogramme résulte, dès lors, comme on l'a déjà dit, d'une *liaison graphique* établie entre éléments cotés pris dans divers systèmes coexistant sur le tableau. Mais en quoi peut consister une telle liaison graphique ? On arrive aisément à se convaincre que le seul genre de liaison graphique qui se puisse juger à vue avec une suffisante précision, c'est le *contact graphique* soit entre deux lignes, soit entre une ligne et un point (ce qui comprend le parallélisme entre deux droites, qui revient au contact entre l'une des droites et le point à l'infini de l'autre).

En fait, d'ailleurs, il est extrêmement rare que l'on doive avoir recours à des contacts entre lignes et nous pouvons fort bien, dans un exposé comme celui-ci, nous borner à ne considérer que des contacts entre points et lignes. Dès lors, *tout mode de liaison graphique donnant lieu à un certain type de nomogramme se résoudra en la constatation d'un certain nombre de contacts simultanés entre points et lignes.*

Remarquons d'ailleurs que la coïncidence de deux points équivaut à deux contacts (savoir ceux de l'un des deux points avec deux lignes quelconques passant par l'autre), et, de même, pour la coïncidence de deux droites.

Tel est le principe de la théorie, dite *morphologique*, des nomogrammes que nous avons précédemment mentionnée. Sans entrer dans plus de détails à son sujet, nous allons nous en inspirer dans la suite de cet exposé.

Remarquons tout de suite que chaque contact pouvant avoir lieu entre ligne à une cote et point à deux cotes permet l'introduction de trois variables dans l'équation représentée. Si donc la liaison graphique envisagée repose sur la simultanéité de n contacts, l'équation correspondante peut renfermer $3 n$ variables.

La théorie qui vient d'être esquissée permet de prévoir et de classer d'avance tous les types possibles de nomogrammes (1). Si donc on n'a égard qu'à leur structure, on peut dire qu'à partir du moment où cette théorie a vu le jour, il n'a plus été possible d'*inventer* de nouveaux types. Mais, si l'on se place au point de vue de l'emploi de ces divers types de nomogrammes en vue des applications, on doit reconnaître que chacun d'eux, pour devenir pratiquement utilisable, doit donner naissance à une théorie spéciale embrassant la détermination de la forme canonique des équations correspondantes, l'établissement des conditions de possibilité de la réduction d'une équation donnée à cette forme, la recherche de la façon la plus commode d'opérer cette réduction, quand elle est possible, celle aussi du mode de construction le plus simple du nomogramme correspondant et de la disposition la plus avantageuse à lui donner, etc., toutes questions qui soulèvent des problèmes mathématiques intéressants, plus ou moins difficiles, où peuvent s'affirmer de remarquables qualités d'invention et d'ingéniosité. Ce sont des travaux de ce genre qui ont permis à divers auteurs, notamment à MM. Farid Boulad (2), Clark (37), Gercevanoff (38), Goed-

---

(1) **3**, n°s 147 à 149; **5**, n°s 101 à 103; **10**, n°s 23 et 24.

(2) Un résumé des principales contributions de M. Boulad en ce genre •fait l'objet de l'Annexe III de **3**.

seels (34), Lallemand (33), Margoulis ([1]), Soreau (35 et 36),
d'apporter à la doctrine nomographique des contributions
plus ou moins importantes.

NOMOGRAMMES A LIGNES CONCOURANTES.

Abaques cartésiens.

Le cas le plus simple est celui où l'emploi du nomogramme
se borne à la constatation d'un seul contact.

Si ce contact a lieu entre ligne à une cote et point à une

Fig. 34.

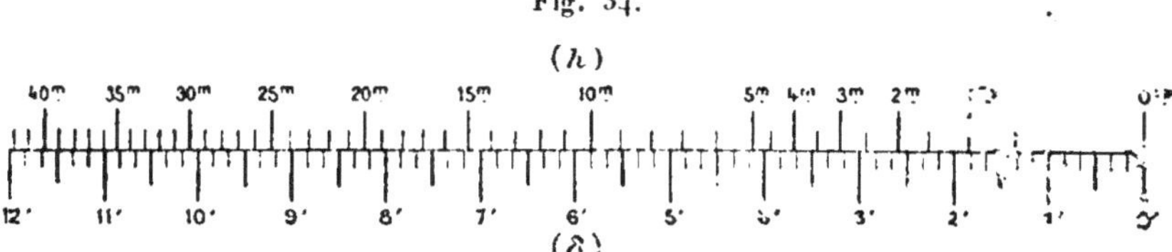

cote, ou entre ligne dépourvue de cote (autrement dit, ligne
constante) et point à deux cotes, on a deux modes de représentation applicables aux équations à deux variables. Dans
l'un, les points à une cote peuvent toujours être pris sur une
droite, les lignes à une cote étant des perpendiculaires à cette
droite. D'ailleurs, les cotes de ces lignes pouvant être inscrites
à leur rencontre avec le support de la première échelle, la
représentation se réduit à l'inscription de deux échelles de
part et d'autre de ce support unique (*fig.* 34) ([2]).

Dans l'autre mode de représentation, les points à deux cotes
peuvent toujours être définis au moyen d'un quadrillage
régulier, chacun des faisceaux de parallèles qui le composent
ayant pour cotes les valeurs de l'une des deux variables et
la ligne constante étant alors celle qui représente en coor-

([1]) *C. R.*, 1ᵉʳ sem. 1922, p. 1684. M. Margoulis prépare un ouvrage
développé sur ses recherches nomographiques.

([2]) Ce nomogramme fait connaître la dépression δ de l'horizon de la
mer en fonction de la hauteur *h* de l'observateur au-dessus de la mer.

données cartésiennes l'équation donnée. C'est là le mode universel de figuration des lois unissant entre elles deux variables seulement, familier, peut-on dire, aujourd'hui, même aux personnes étrangères aux mathématiques. La figure 35 en montre l'application à la loi de Gauss faisant

Fig. 35.

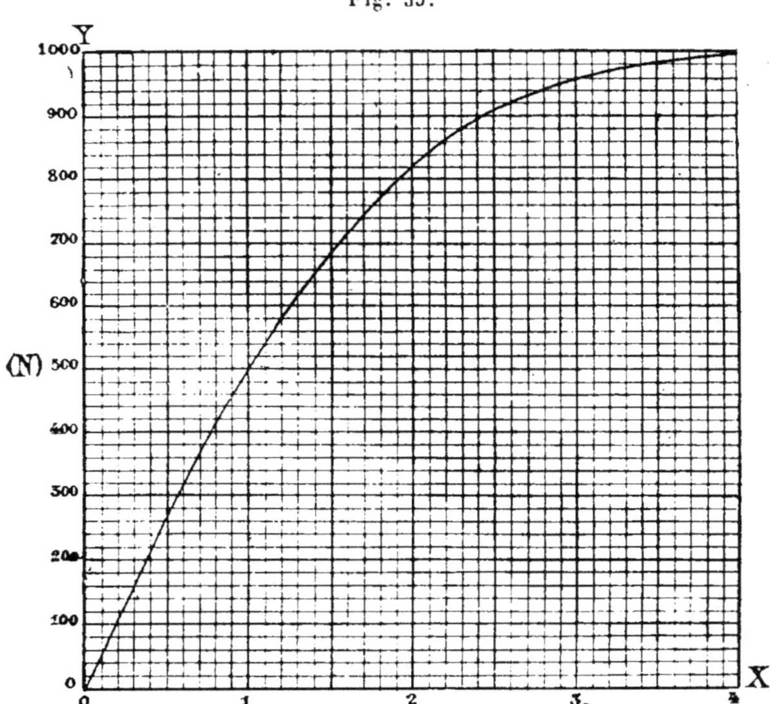

connaître le nombre N, sur 1000, des écarts dont le rapport à l'écart probable est représenté par ρ.

Lorsqu'on suppose que le contact a lieu entre lignes à une cote et points à deux cotes, on a un mode de représentation applicable à toute équation à trois variables.

Dans tous les cas, on peut, comme ci-dessus, prendre pour réseau de points à deux cotes un quadrillage régulier; on a alors le mode cartésien de représentation des équations à trois variables, dont la figure 36 fournit un des premiers exemples (savoir la table de multiplication nomographique de Pouchet) et dont l'emploi est, lui aussi, devenu universel.

Fig. 36.

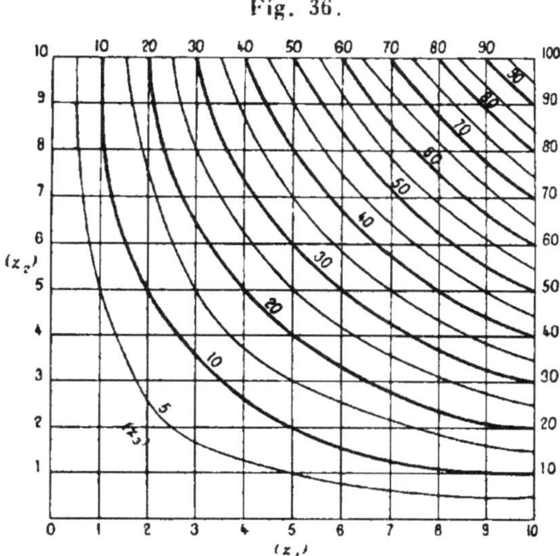

L'aspect de damier du réseau a fait donner par Lalanne à un tel tableau le nom d'*abaque* ([1]).

En somme, sur un tel nomogramme, la liaison graphique est réalisée par le concours en un même point de trois lignes cotées, chacune au moyen de la valeur de l'une des trois variables en présence. On peut donc caractériser ce nomogramme en disant qu'il est à *lignes concourantes*.

L'emploi du quadrillage régulier étant admissible dans tous les cas pour les équations à trois variables, il pourrait sembler superflu d'envisager d'autres formes de représentation

---

([1]) En dépit de son étymologie très particulière, nous avions, dans nos premières publications, et encore dans notre grand traité de 1899, étendu ce terme à toutes les tables graphiques cotées, quelle que fût leur espèce. Nombre d'auteurs s'en sont tenus à ce terme généralisé, alors que nous avons cru plus correct d'adopter celui de *nomogramme* proposé d'abord par le professeur Schilling.

pour ces équations, mais on va voir que de tels changements peuvent offrir de très appréciables avantages.

Abaques anamorphosés.

C'est Lalanne, le premier, qui a remarqué, en 1842 ([1]), qu'en tirant les axes du quadrillage à partir des points, non plus d'échelles métriques, mais de certaines échelles fonctionnelles (et, en particulier, d'échelles logarithmiques) portées

Fig. 37.

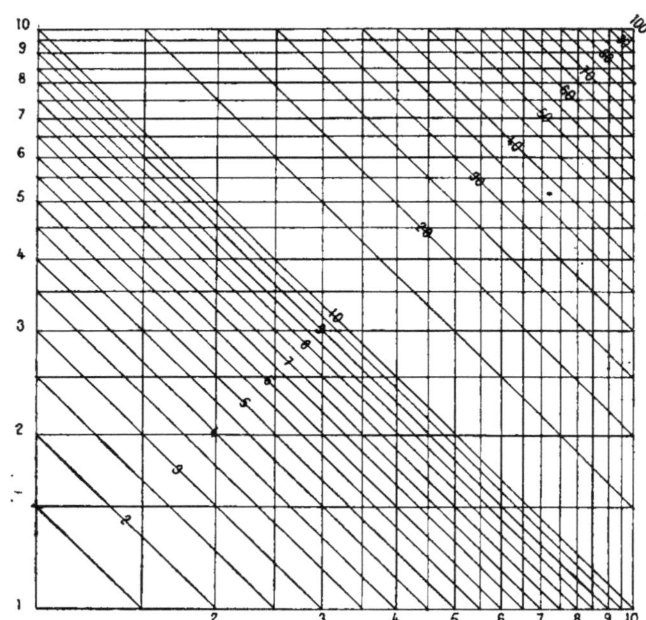

sur Ox et sur Oy, on pouvait, en certains cas, substituer au tracé plus ou moins long, plus ou moins pénible, des courbes correspondant à la troisième variable, celui de simples droites.

C'est ainsi, notamment, que l'équation de la multipli-

([1]) *Voir* la note ([1]) de la page 107.

cation

$$z_1 z_2 = z_3$$

mise sous la forme

$$\log z_1 + \log z_2 = \log z_3$$

conduit à l'abaque représenté par la figure 37, équivalent
à celui de Pouchet (*fig.* 36) sur lequel étaient tracées des
hyperboles équilatères.

Une telle transformation a été baptisée par Lalanne du nom
d'*anamorphose*. On peut dire que l'abaque de la figure 37

Fig. 38.

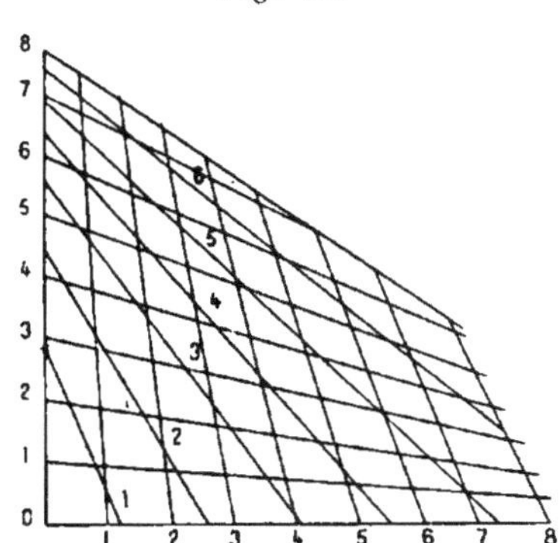

est anamorphosé de celui de la figure. 36 On rencontre, dans
la pratique, des cas nombreux où la substitution du quadrillage irrégulier entraîne la même simplification ([1]).

L'anamorphose de Lalanne se réduisait, comme on voit,

([1]) Il y a lieu de noter ici ce fait très remarquable : un grand nombre
de lois physiques dépendant de deux variables, établies expérimentale-
ment, se traduisent, sur un tel quadrillage logarithmique, par des systèmes
de lignes droites. Le physicien anglais C. V. Boys, auteur de travaux
réputés pour leur rare ingéniosité, nous disait, en mai 1896, lors d'une
visite que nous faisions à son laboratoire de Londres, que cette circons-
tance était si fréquente qu'il en était venu à faire *a priori* le report de
ses résultats d'expériences sur du papier à quadrillage logarithmique.
Un exemple particulièrement typique se rencontre dans la recherche
de la loi théorique de la consommation des machines à vapeur, établie
par M. Rateau (3, n° 90). On trouve maintenant du papier à quadrillage
logarithmique dans le commerce.

à substituer un quadrillage irrégulier, où l'espacement des axes dépendait de certaines fonctions, à un quadrillage régulier. Mais on pouvait aller plus loin et faire correspondre aux deux premières variables, non plus des systèmes de droites parallèles aux axes des coordonnées, mais des systèmes de droites quelconques, en vue d'obtenir encore pour la troisième variable un système de droites, dans des cas où la simple anamorphose de Lalanne n'y suffirait pas (*fig.* 38).

Cette transformation plus profonde, d'abord envisagée par Massau [1], comporte une théorie mathématique qui échappe au cadre du présent exposé; mais ce qu'il faut ici retenir, c'est que la plus grande généralité des équations à trois variables rencontrées dans la pratique sont susceptibles d'être ainsi représentées par trois systèmes de droites concourantes.

Parmi celles, en petit nombre, qui ne sont pas dans ce cas, il s'en trouve pour lesquelles un mode simplifié de représentation résulte de l'emploi non plus seulement de droites, mais de cercles, tout aussi faciles à tracer, donnant naissance à ce qu'on peut appeler l'*anamorphose circulaire*, celle dont il a été parlé jusqu'ici étant dite l'*anamorphose rectiligne*.

Il faut bien remarquer, en effet que, s'il n'était que trop naturel de faire correspondre tout d'abord aux deux premières variables des systèmes de droites, il n'y avait là aucune nécessité mathématique, et qu'en réalité le choix de ces deux premiers systèmes est purement arbitraire. En certains cas, par un choix convenable, on peut n'avoir à tracer que des cercles, ou des cercles et des droites. Nous avons, pour notre part, donné une théorie complète de cette anamorphose circulaire [2].

---

[1] **24**, Livre III, partie 2, Chap. III. On verra plus loin (note 7 de la page 13o) que nous étions parvenu presque en même temps, de notre côté, à cette anamorphose généralisée, sans avoir alors aucune connaissance du travail de Massau.

[2] **3**, nᵒˢ 46 et 47; **5**, nᵒˢ 54 et 55.

Abaques hexagonaux ([1]).

Arrêtons-nous au cas où l'anamorphose simple donne, pour le troisième système coté, de même que pour les deux premiers, un système de droites parallèles, c'est-à-dire où (si l'on représente par f_i une fonction de la variable z_i) l'équation représentée est de la forme

$$f_1 + f_2 = f_3.$$

En pareil cas, ayant inscrit les cotes de chacun des trois systèmes sur un axe perpendiculaire à la direction commune

Fig. 39.

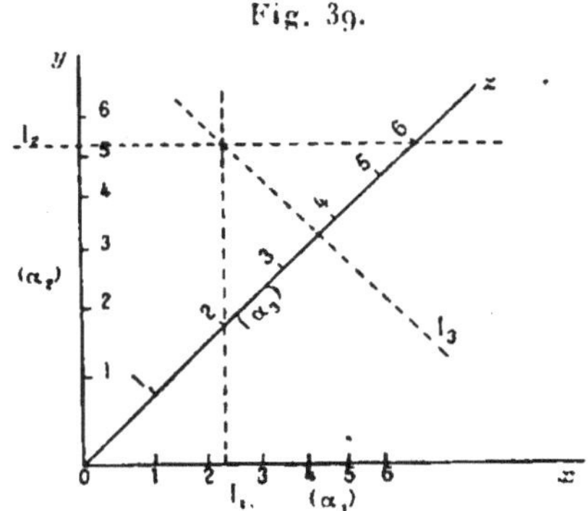

des droites qui le composent, on voit que si l'on pose sur le tableau un transparent muni de trois index concourants I_1, I_2, I_3, respectivement parallèles aux directions des trois systèmes et que l'on donne à ce transparent une translation quelconque (conservant par conséquent son orientation), les trois index donnent à chaque instant sur les axes gradués un système de valeurs des variables z_1, z_2, z_3 satisfaisant à l'équation donnée (*fig.* 39) ([2]). Plusieurs auteurs ont eu l'idée d'un

---

([1]) **33.** La théorie de ces abaques se trouve en outre au complet dans **3** (Chap. II, Sect. III, et Chap. III, Sect. II).

([2]) Il est clair que chacune des trois échelles peut, en conservant sa direction, recevoir un déplacement quelconque dans le sens de l'index correspondant.

tel artifice ([1]), mais M. Lallemand, qui l'a conçu de son côté, l'a très heureusement complété par le changement de dispo-

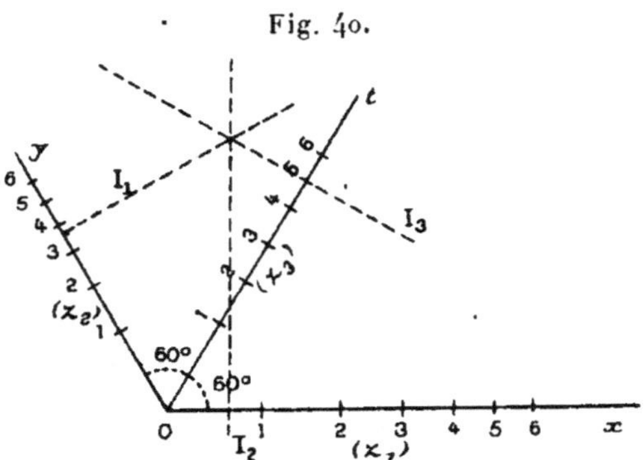

Fig. 40.

sition consistant, tout en maintenant chaque index dans la

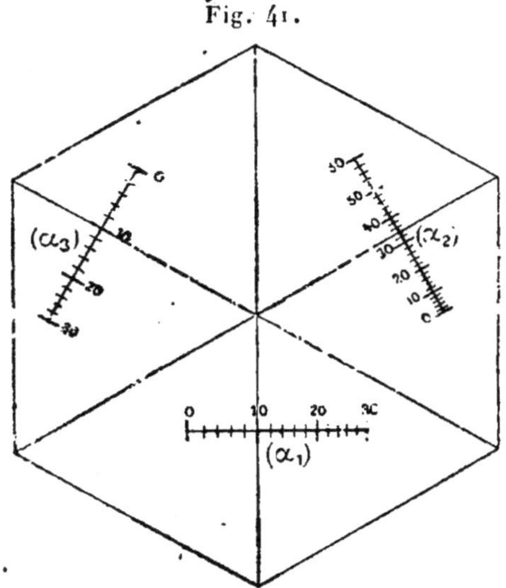

Fig. 41.

direction perpendiculaire à celle de l'échelle correspondante,

---

([1]) Notamment M. Blum à propos des abaques des profils de remblai et déblai de Lalanne (*A. P. C.*, 1er sem. 1881, p. 455).

à incliner les supports de ces échelles à 60° les uns sur les autres (*fig.* 40). Alors, en effet, que, dans le premier cas, les échelles portées sur Ox et Oy étant celles de f_1 et de f_2, l'échelle portée sur Ot est celle de $\dfrac{f_3}{\sqrt{2}}$, dans le second, les échelles portées sur les trois axes sont uniformément celles de f_1, f_2 et f_3.

Comme d'ailleurs, ainsi que dans le cas précédent, chaque échelle, tout en conservant sa direction, peut être déplacée dans le sens perpendiculaire à cette direction, on arrive à la disposition ainsi constituée (*fig.* 41) : les échelles de f_1, f_2 et f_3 portées sur les côtés d'un triangle équilatéral et les index formés par les diagonales d'un hexagone régulier mobile; d'où le nom d'*abaque hexagonal* adopté par M. Lallemand pour un tel nomogramme ([1]).

Abaques dissociés pour variables multiples.

D'une manière générale, on ne saurait, par le procédé des lignes concourantes, représenter d'équations à quatre variables et, *a fortiori*, à plus de quatre variables. En effet, s'il s'agissait du cas de quatre variables, il faudrait mettre en contact, avec des points à deux cotes, des lignes non plus à une, mais à deux cotes; or, d'une manière générale, il n'est pas possible de figurer sur un plan un système doublement infini de lignes; d'où l'impossibilité annoncée.

Il ne saurait y avoir exception que si les lignes du système se réduisaient géométriquement à un système simplement infini; chacune d'elles correspondant alors à une infinité de couples de cotes et apparaissant alors comme la condensation en une seule d'une infinité simple de lignes à deux cotes, sera dite une *ligne condensée à deux cotes*.

Imaginons, par exemple, un abaque d'équation à trois variables z_1, z_2 et ζ, sur lequel, le système (ζ) est constitué par

---

([1]) Peut-être, eu égard à la disposition des échelles qui est l'essentiel de ce mode de représentation, le terme d'*abaque équilatéral* eût-il été préférable.

des droites menées perpendiculairement à Ox par les points d'une échelle métrique (ζ) portée par cet axe. A chaque couple de valeurs de z_1 et z_2 correspondra une droite (ζ) passant par le point de rencontre des lignes (z_1) et (z_2) et chacune de ces droites (ζ) se trouvera ainsi correspondre à une infinité de couples de valeurs de z_1 et z_2; ce sera une ligne condensée à deux cotes z_1 et z_2.

Faisant entrer ces mêmes lignes (ζ) dans l'abaque d'une équation entre ζ, z_3 et z_4, on aura, en accolant les deux abaques par leur système (ζ) commun, la représentation de l'équation à quatre variables provenant de l'élimination de ζ entre les deux équations représentées respectivement par les deux abaques partiels accolés. Cela montre que l'équation à quatre variables en question est de la forme

$$f(z_1, z_2) = g(z_3, z_4),$$

et que la représentation qui en a été indiquée revient à appeler ζ chacun de ses deux membres et à représenter séparément les équations

$$f(z_1, z_2) = \zeta \qquad \text{et} \qquad g(z_3, z_4) = \zeta$$

pour les accoler par le système (ζ) commun. Autrement dit : *la représentation d'une telle équation à quatre variables est effectuée par dissociation en deux nomogrammes à trois variables, grâce à l'introduction de la variable auxiliaire ζ.*

Le système des lignes (ζ) constitue alors ce que M. Lallemand a appelé une *échelle binaire* en z_1 et z_2, d'une part, en z_3 et z_4 de l'autre. Dès lors, le mode de représentation pour équation à quatre variables de la forme ci-dessus, qui vient d'être indiqué, peut être défini comme provenant du simple accolement de deux échelles binaires, de même que le premier mode de représentation donné pour les équations à deux variables provenait de l'accolement de deux échelles simples.

On voit que partout où interviendront des échelles simples à support rectiligne, on pourra doubler le nombre des variables en substituant à ces échelles simples des échelles binaires accolées à leurs supports respectifs.

C'est là ce qu'a fait, pour ses abaques hexagonaux M. Lallemand qui, le premier, de concert avec M. Eugène Prévot, a fait un usage systématique des échelles binaires, auxquelles d'autres auteurs avaient eu recours en certains cas particuliers, sans sembler apercevoir la généralité de l'emploi qui en pouvait être fait. Voici (*fig.* 42) le type schématique d'un

Fig. 42.

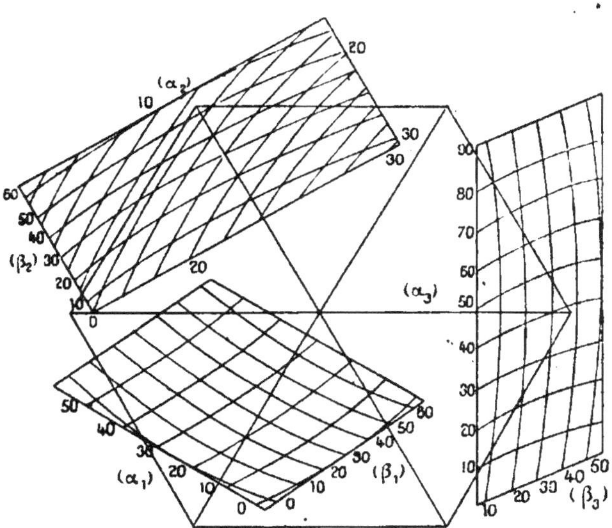

abaque hexagonal à six variables, représentatif d'une équation de la forme

$$f(z_1, z_2) + g(z_3, z_4) + h(z_5, z_6) = 0.$$

On voit qu'un tel abaque se dissocie, en fait en quatre nomogrammes partiels représentatifs respectivement des équations [1]

$$f(z_1, z_2) = \zeta_1, \qquad g(z_3, z_4) = \zeta_3, \qquad h(z_5, z_6) = \zeta_5,$$
$$\zeta_1 + \zeta_3 + \zeta_5 = 0.$$

---

[1] Si l'une des trois premières de ces quatre équations, la première par exemple, est elle-même linéaire par rapport à des fonctions des deux variables z_1 et z_2 qu'elle contient, elle pourra elle aussi être représentée

Il est clair que l'on pourra de même remplacer chacun des deux systèmes de lignes simplement cotées servant à définir un système de lignes à deux cotes par un système de lignes condensées à deux cotes, défini à son tour par l'adjonction de deux systèmes à une cote, et ainsi de suite. La figure 43

Fig. 43.

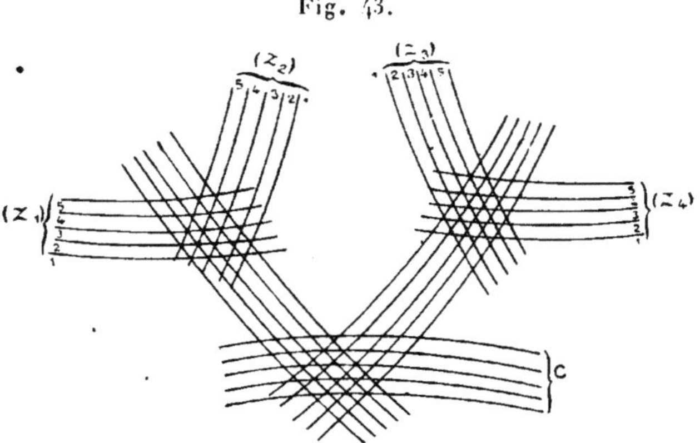

montre, en particulier, un système de lignes C condensées à quatre cotés.

Finalement, par des ramifications successives, on aura des représentations applicables à des équations à un nombre quelconque de variables, mais provenant en réalité d'un enchaînement de nomogrammes à trois variables seulement, chacun s'appliquant aux équations obtenues par dissociation de l'équation obtenue en équations à trois variables, grâce à .l'introduction de variables auxiliaires auxquelles correspondent

---

par un abaque hexagonal dont l'axe (ζ_1) sera le même que celu de la quatrième équation et dont les axes (z_1) et (τ_2) seront parallèles à ceux de (ζ_3) et de (ζ_3). Le même transparent pouvant servir pour l'un et l'autre des abaques hexagonaux partiels contigus, on passera simplement de l'un à l'autre par un glissement de ce transparent dans le sens de l'index perpendiculaire à l'échelle (ζ_1) commune qui, d'ailleurs, .n'aura pas besoin d'être marquée sur le dessin. On voit ainsi que l'artifice, d'ailleurs ingénieux, du glissement du transparent proposé par M. Lallemand, rentre exactement, au point de vue théorique, dans celui des échelles binaires.

les systèmes de lignes qui ne servent qu'à établir les liaisons voulues entre les systèmes cotés au moyen des valeurs des variables entrant dans l'équation donnée.

Or, il s'en faut qu'une telle dissociation soit toujours possible. On rencontre, au contraire, fréquemment, en pratique, des équations à plus de trois variables qui ne sauraient s'y prêter, en particulier des équations à quatre variables qui ne sont pas susceptibles d'être réduites à la forme [1]

$$f(z_1, z_2) = g(z_3, z_4).$$

Sans aller chercher bien loin un exemple, on peut citer l'équation complète du troisième degré

$$z^3 + n z^2 + p z + q = 0,$$

qu'aucune transformation analytique ne peut réduire à une forme telle qu'il n'entre que deux variables seulement dans chaque membre de l'équation.

Cela fait sentir la nécessité de modes de représentation directe, sans dissociation, d'équations à plus de trois variables. Une telle représentation peut être dite *intrinsèque* pour le nombre des variables que contient l'équation considérée. On va voir — et c'est bien là l'un des principaux intérêts de la nomographie — comment il a été possible d'atteindre à de telles représentations intrinsèques, en partant d'autres principes que celui des lignes concourantes et, plus particulièrement, de celui des points alignés.

NOMOGRAMMES A POINTS ALIGNÉS.

La méthode des points alignés, dont nous avons, pour la première fois, énoncé le principe dans notre mémoire n° **1**, est née de la remarque que, sur les nomogrammes à lignes concourantes, le regard peut parfois s'égarer en suivant les

---

[1] La condition analytique nécessaire et suffisante pour que cette réduction soit possible a été donnée par M. Goursat (*Bull. de la Soc. math. de France*, t. XXVII, 1899, p. 27).

lignes qui s'enchevêtrent, pour atteindre le point où leur cote
est inscrite, et que l'interpolation à vue, dans ces conditions,
est assez délicate.

L'exemple représenté par la figure 44 (qui n'a pas été forgé

Fig. 44.

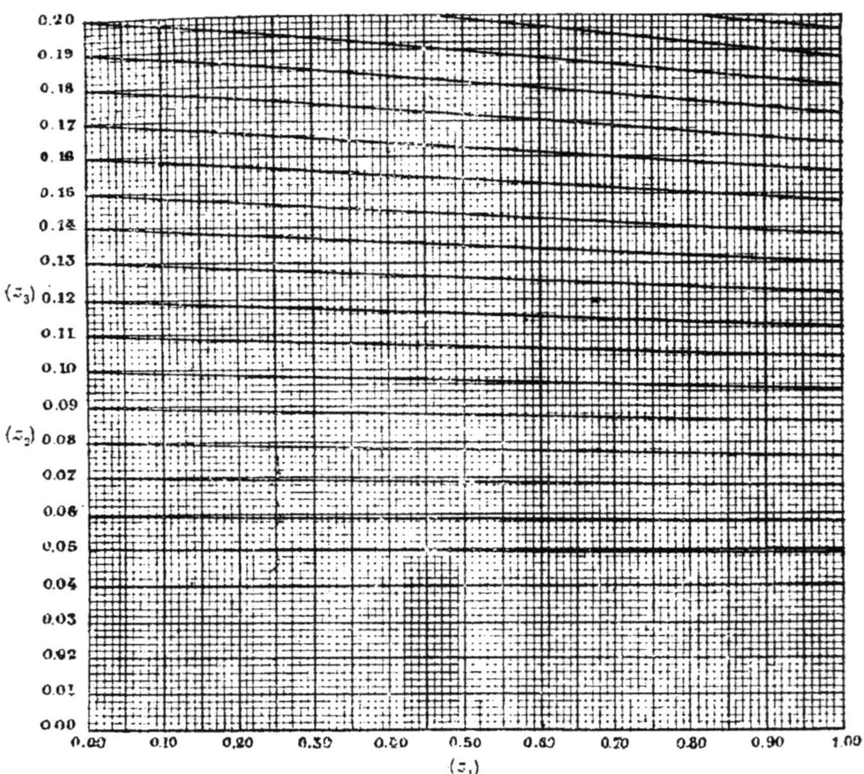

pour les besoins de la cause, mais qui est emprunté à un
abaque construit naguère par M. Théry, à l'École Forestière
pour l'arpentage des coupes) est bien significatif à cet égard.
Sur le quadrillage régulier, muni le long de Ox et Oy, des
graduations répondant aux données, sont tracées des droites
cotées au moyen des valeurs du résultat, dont la graduation
se confond, sur Oy, avec celle des parallèles à Ox. Un seul

essai fait sur ce tableau suffit à faire ressortir les inconvénients qui viennent d'être indiqués.

Comme, d'autre part, l'immense majorité des équations à trois variables rencontrées dans les applications sont susceptibles — moyennant, au besoin, une anamorphose — d'être représentées par trois systèmes de droites concourantes, l'idée nous est venue de supprimer d'un coup les inconvénients en question en recourant à une transformation dualistique qui remplace les droites par des points et fait correspondre à des droites concourant en un même point des points alignés sur une même droite.

Ici, plus de confusion dans la lecture, puisque chaque cote n'est plus attachée qu'à un seul point à côté duquel elle est inscrite, et bien plus grande facilité de l'interpolation à vue, celle-ci n'étant plus pratiquée que sur des échelles ponctuelles au lieu de l'être à l'intérieur de systèmes de lignes.

Ce n'étaient d'ailleurs pas là les seuls avantages de la méthode, comme on va le voir.

Mais, la transformation dualistique classique, celle des polaires réciproques, qui revient à remplacer les coordonnées cartésiennes ayant servi à la construction du nomogramme à droites concourantes par des coordonnées pluckériennes, offrait, au point de vue pratique, ce grave inconvénient, que ces coordonnées pluckériennes ne représentent pas, comme les coordonnées cartésiennes, des segments de droites, mais bien des inverses de tels segments, ce qui n'a aucun inconvénient lorsqu'on utilise ces coordonnées comme outil de démonstration, mais qui, au contraire, entraîne une grave complication quand il s'agit de constructions graphiques à réaliser effectivement.

C'est là ce qui nous a conduit à rechercher un système de coordonnées tangentielles, de caractère dualistique, qui fussent, comme les coordonnées cartésiennes, de simples segments de droite.

Cette recherche nous a conduit au système des coordonnées que nous avons appelées *parallèles* (¹), dont la définition est

---

(¹) On trouvera dans **7** (nº 11) une théorie générale des coordonnées la suivante : Au et Bv étant deux axes dirigés (*fig.* 45), d'origines A et B, les coordonnées parallèles de toute droite du plan sont les segments u et v déterminés par cette droite

Fig. 45.

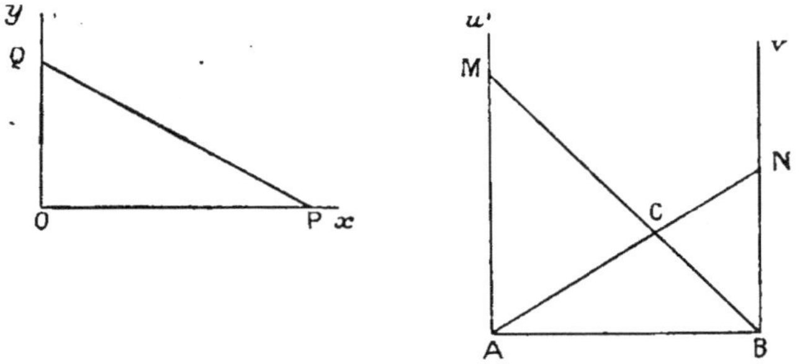

sur les axes, à partir de leurs origines, ces segments étant, bien entendu, pris avec leur signe. Il suit de là qu'aux points

$$P(x = a, y = 0) \qquad \text{et} \qquad Q(x = 0, y = b)$$

rapportés aux axes cartésiens Ox et Oy correspondent les droites

$$BM(u = a, v = 0) \qquad \text{et} \qquad AN(u = 0, v = b)$$

rapportées aux axes parallèles Au et Bv, et, par suite, que le point C est le transformé de la droite PQ.

En particulier, cette transformation appliquée à l'abaque de la figure 44 fournit le nomogramme de la figure 46 dont le simple rapprochement avec la précédente suffit à faire ressortir les avantages déjà signalés des points alignés. Mais elle en fait apparaître immédiatement un autre ; on constate, en effet, qu'alors qu'il est impossible de discerner sur la figure 44

---

tangentielles dualistiques conduisant à la notion de ces coordonnées particulières. Ce n'est que longtemps après avoir acquis par nous-même la notion de ces coordonnées, dont nous avons développé une théorie complète dans les *Nouv. Ann. de Math.* de 1884, que nous avons reconnu qu'elles avaient, dès 1829, été envisagées par Chasles (*Corr. math.* de Quételet).

si les droites du troisième système passent ou non toutes par un même point [ce qu'il serait indispensable de savoir s'il s'agissait de remonter du nomogramme à l'équation représentée, comme cela a lieu lorsque le nomogramme a été obtenu par report de résultats expérimentaux (¹)], on est, au contraire, immédiatement fixé à cet égard par la figure 46; les points du

Fig. 46.

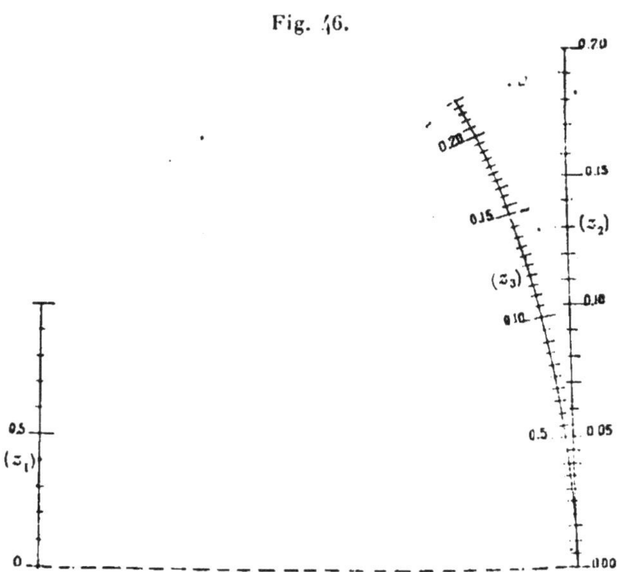

troisième système étant, en effet, disposés sur une courbe (d'ailleurs assimilable à une conique) et non sur une droite, les droites du troisième système de la figure 44 ne sont pas concourantes.

Nous avons tenu à montrer comment, par leur origine, les points alignés se rattachaient aux droites concourantes, mais il va de soi que la construction d'un nomogramme de ce nouveau type peut être effectuée directement.

En une telle construction, les considérations de pure géomé-

(¹) *Voir*, par exemple, la recherche par M. Rateau de la consommation théorique des machines à vapeur dans 3 (n° 90) et dans 5 (n° 74).

trie interviennent souvent de façon assez imprévue ([1]) pour lui donner une forme généralement bien plus simple que celle du tracé qui s'applique au nomogramme à droites concourantes corrélatif. Sans insister ici sur ce sujet traité en détail dans nos ouvrages de fond ([2]), nous signalerons deux points sur lesquels la géométrie fournit des résultats spécialement intéressants : en premier lieu, nous avons fait voir comment la transformation homographique la plus générale (dont, jusqu'alors, l'intérêt avait été regardé comme purement théorique) permet de donner *a priori* à un tel nomogramme la disposition pratiquement la plus commode ([3]) ; en second lieu, nous avons mis en évidence l'importance du rôle joué par ce que nous avons appelé les *valeurs critiques* des variables entrant dans l'équation donnée ([4]), en vue de la construction projective des échelles du nomogramme correspondant. Sur ce dernier point, M. F. Boulad a fait connaître d'intéressantes généralisations de notre méthode ([5]).

Sur un nomogramme à points alignés, les trois échelles peuvent être curvilignes ([6]) ; le type ainsi constitué (*fig.* 47) est corrélatif de celui à trois systèmes de droites concourantes résultant de l'anamorphose rectiligne la plus générale envisagée par Massau ([7]).

Quelle que soit, d'ailleurs, la nature des échelles, la liaison graphique se réduit, dans tous les cas, aux trois contacts simultanés de l'index rectiligne ([8]) mobile sur le plan qui

---

([1]) Remarque formulée par J. Tannery dans le *Bull. des Sc. math.* (1899, p. 175).

([2]) **3**, Chap. IV ; **5**, Chap. IV.

([3]) **3**, nᵒˢ 63 et 86 ; **5**, nᵒ 62.

([4]) **3**, nᵒˢ 74 à 76 ; **5**, nᵒˢ 68 à 70 ; **10**, nᵒ 15.

([5]) **3**, Annexe III.

([6]) Le criterium analytique propre à faire reconnaître qu'une équation donnée est susceptible d'être amenée à la forme canonique que requiert ce mode de représentation a été déterminé par M. R. N. Gronwall (*Journ. de Math. pures et appl.*, 6ᵉ série, t. VIII, 1912, p. 59).

([7]) C'est par cette voie que nous avons été amené pour notre part à la notion de cette anamorphose générale avant d'avoir la moindre connaissance des travaux de Massau.

([8]) Trait fin tracé sur un transparent au fil tendu.

porte les échelles avec des points pris respectivement sur ces échelles. Or, ici, rien n'empêche de substituer à ces points à une cote les points à deux cotes d'un réseau, d'où la possibilité de doubler le nombre des variables sans aucune disso-

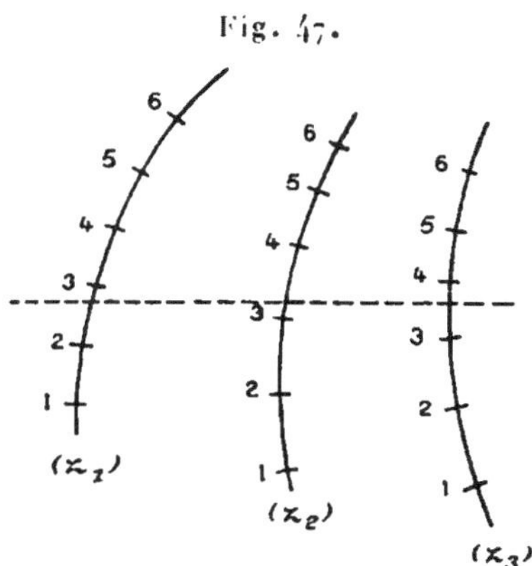

Fig. 47.

ciation et, par suite, d'obtenir des représentations *intrinsèques* pour équations à quatre, cinq et six variables.

De là, pour la méthode des points alignés, comparée à celle des droites concourantes, un nouvel avantage d'importance tout à fait capitale, attendu que la plupart des équations rencontrées dans les applications et non susceptibles de la dissociation requise pour l'emploi de droites condensées, sont ainsi représentables. Il nous suffira de citer précisément l'équation complète du troisième degré

$$z^3 - n z^2 + p z + q = 0,$$

susmentionnée, dont la méthode des points alignés a fourni un nomogramme (*fig.* 48) d'un emploi très commode et d'une construction purement géométrique remarquablement simple ([1]).

Sur ce nomogramme, aux variables p et q correspondent respectivement deux échelles rectilignes parallèles, à la

---

([1]) 3, n° 104; 5, n° 73.

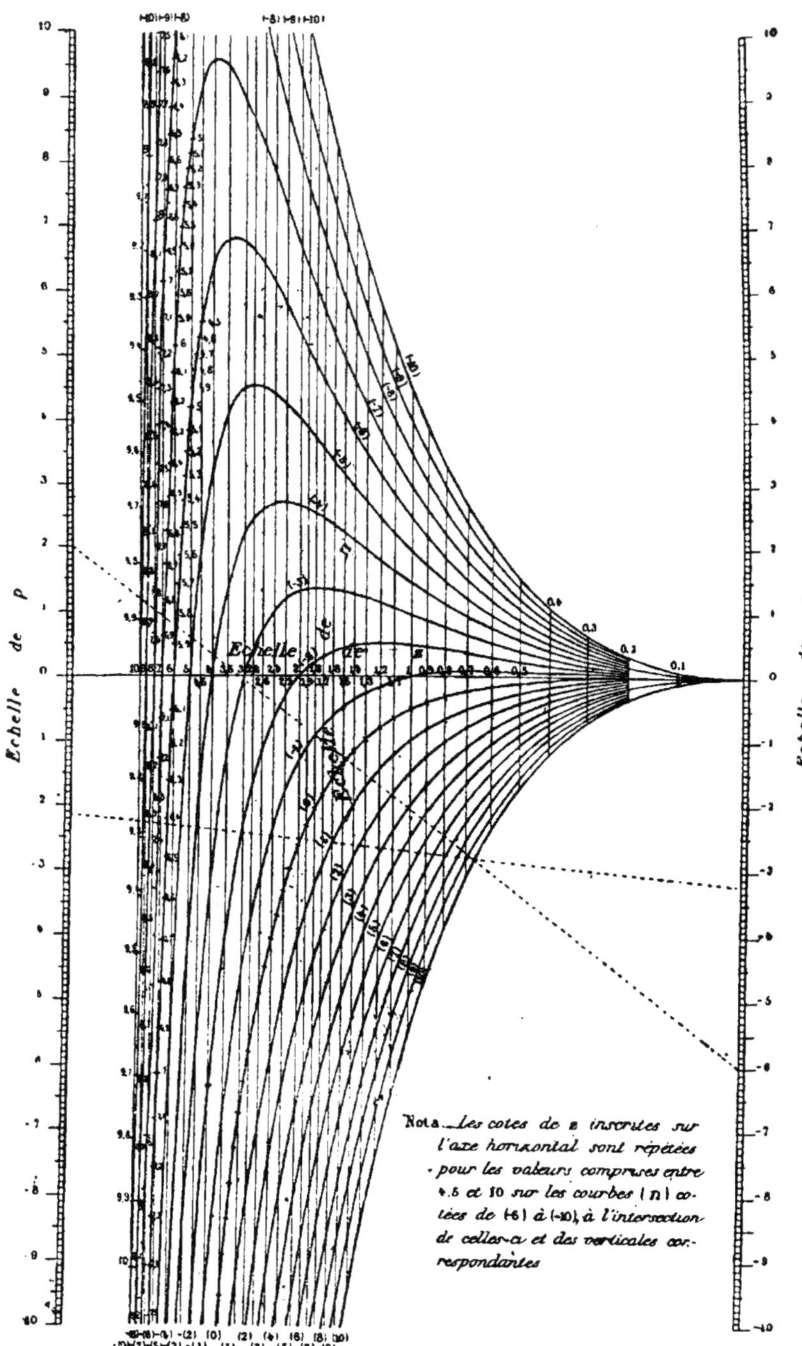

Fig. 48.

variable n un système de courbes cotées, à la variable z un système de droites cotées parallèles aux deux premières échelles. Dès lors, si l'on se donne les valeurs de n, p et q, il suffit, pour résoudre l'équation, de tendre une droite entre les points cotés p et q dans les échelles correspondantes et de lire les cotes des parallèles aux échelles, passant par les points où cette droite coupe la courbe cotée n [1].

Les positions de l'index marquées en pointillé sur la figure correspondent respectivement aux équations

$$z^3 + 2z - 6 = 0 \quad \text{et} \quad z^3 + z^2 - 2,16z - 3,2 = 0,$$

pour lesquelles on a

$$z = 1,46, \quad z = 1,6.$$

Cet exemple rend, en quelque sorte, tangible l'avantage signalé page 103, qu'offrent les nomogrammes sous le rapport du calcul des quantités définies implicitement (et non explicitement) en fonction des données, comme z l'est ici en fonction de n, p, q.

Outre qu'on ne saurait, sur une seule table numérique, faire figurer à la fois les trois entrées n, p, q, il serait nécessaire, si l'on voulait numériquement déterminer les valeurs de z pour toutes les valeurs de n, p, q comprises entre certaines limites, de se livrer, pour chaque état du système n, p, q, à des calculs laborieux.

Avec le nomogramme, rien de semblable; les échelles (p) et (q), les parallèles (z), le système des courbes (n) se construisent *individuellement*, indépendamment les uns des autres, et par un procédé géométrique des plus simples. C'est, au moment même où l'on en a besoin, la simple application de l'index sur le tableau qui, par la liaison graphique

---

[1] A la vérité, le nomogramme tel qu'il est construit, ne donne que les racines *positives* de l'équation, mais les racines *négatives* sont données en valeur absolue par les racines positives de l'équation obtenue en changeant dans la proposée z en $-z$, ce qui revient, tout en conservant la même valeur pour p, à changer n en $-n$ et q en $-q$.

ainsi établie entre les éléments cotés respectivement au moyen des valeurs de n, p, q, z, *résout* en fait l'équation proposée.

Ajoutons que la méthode des points alignés a reçu d'importantes extensions dans des directions diverses, notamment par la méthode des *parallèles mobiles* de M. Beghin [1], par celle des *transversales quelconques* de M. Goedseels [2], par celle des *points équidistants* de M. Gercevanoff [3] (cas où l'index est circulaire), enfin et surtout par celle du *double,* voire du *multiple alignement,* que nous avons proposée nous-même [4], et qui a été reprise et développée depuis lors par M. Soreau dans ses ouvrages **35** et **36** [5], où il en a fait d'intéressantes applications [6].

La méthode des points alignés s'est montrée dans la pratique d'une telle fécondité que M. Goedseels a pu dire que l'essentiel de la nomographie réside aujourd'hui dans la méthode des points alignés [7].

Il va sans dire que nous en avons nous-même effectué de nombreuses applications, parfois à la demande de divers techniciens; il ne saurait être question d'en donner ici l'énumération. Nous nous bornerons à signaler trois ensembles de

---

[1] **3**, nos 125 et 126.

[2] **34** et **3**, nos 128 et 129.

[3] **3**, no 132; **5**, no 92.

[4] **3**, Chap. V, Sect. II; **4**, p. 54.

[5] Dans **38**, J. Clark, professeur à l'École Polytechnique du Caire, a donné les premiers exemples pratiques d'application de la méthode du double alignement dans le cas d'une *ligne de pivots curviligne.* Le même travail renferme des développements analytiques du plus haut intérêt sur les équations représentables en points alignés avec des *échelles de degré supérieur au premier.*

[6] Il y a lieu de signaler aussi l'extension proposée par M. Mehmke de la méthode des points alignés à l'espace (*points coplanaires*), méthode dont il a même donné une ingénieuse application (**3**, no 109), et à laquelle, suivant la remarque de M. Soreau (**36**, no 91), la méthode du double alignement peut être rattachée comme cas particulier. Nous citerons enfin un type de nomogramme présenté par M. Fürle, sur lequel l'indicatrice est constituée par une ligne polygonale déformable (*Sitzungsber. der berliner math. Gesellsch.,* 1903, p. 26).

[7] Plusieurs des brochures de diffusion de la nomographie citées dans la note 2 de la page 109 se bornent à l'exposé de cette méthode.

telles applications, reproduits avec quelque détail dans la deuxième édition de notre grand traité (Chap. V, Sect. III), qui ont trait respectivement au calcul des profils de remblai et de déblai, à la résolution générale des triangles sphériques (en vue surtout des besoins de l'astronomie et de la géodésie), enfin à la préparation du tir de l'artillerie.

Cette dernière application a été effectuée dans le bureau d'études nomographiques que nous avons dirigé à la Direction des inventions pendant les deux dernières années de la guerre [1]. D'autres très nombreuses applications de la méthode des points alignés ont été encore réalisées pendant la guerre pour les besoins des diverses techniques qui intéressaient les opérations. En particulier, toute une moisson de telles applications est sortie des bureaux de la section technique de l'aéronautique, se rapportant à la construction et à l'emploi des avions. A noter aussi qu'en vue de la fabrication des pièces d'artillerie lourde, aux établissements Schneider, les calculs fort laborieux exigés par l'autofrettage ont été réduits par M. L. Potin à quelques nomogrammes à points alignés. M. l'Ingénieur général d'artillerie navale Jacob a, d'autre part, ramené à de tels nomogrammes la solution de tous les problèmes usuels de balistique extérieure.

Mais la meilleure attestation de la valeur pratique de la méthode est fournie par les innombrables applications que des auteurs de toutes nationalités en ont fait aux spécialités les plus diverses. Beaucoup de ces auteurs ont bien voulu nous faire parvenir leurs nomogrammes que nous avons réunis à l'École des Ponts et Chaussées, en une collection d'une telle ampleur que le simple catalogue — qui comprendrait certainement aujourd'hui plus de 500 numéros — en occuperait un opuscule tout entier.

Nombre de ces nomogrammes se rapportent à des formules isolées; d'autres forment des ensembles ayant trait à telle ou

---

[1] *Voir* 8. Les corrections des éléments initiaux d'un tir, dues aux conditions atmosphériques (pression, température, vitesse du vent), étaient données par nos nomogrammes en moins de 2 minutes, alors que leur calcul exigeait auparavant de 15 à 20 minutes.

telle technique spéciale. Qu'il nous suffise ici de rappeler, en dehors des recueils très variés de MM. Soreau et Seco de la Garza, englobant diverses branches de la science de l'ingénieur, les publications de MM. Aubry (béton armé), le colonel du génie Bertrand (distributions d'eau), Farid Boulad Bey (calcul des ponts de tout système), J. Eichhorn (propriétés des vapeurs), Gorrieri (sections résistantes des travées associées), Kraïtchik (calculs financiers), ingénieur général d'artillerie navale Jacob (balistique extérieure), lieutenant-colonel Lafay (tir des pièces de siège), colonel d'artillerie russe Langensheld (tir des mortiers de côte), général d'artillerie espagnol Ollero (balistique), commandant Millot (statistique), capitaine de vaisseau Perret (navigation), Pesci (cinématique navale), Potin (chemins de fer, autofrettage des bouches à feu), Poussin (assurances), R. Proell (turbines à vapeur), capitaine de frégate italien Ronca (tir des pièces de marine), Seefehlner (chemins de fer électriques), Steevenz (hydraulique), Vaës (construction des machines), Wolff (irrigations d'Égypte) [1], etc.

Tels sont les avantages pratiques de la méthode des points alignés que le lieutenant-colonel Lafay s'est proposé d'y ramener, au moins approximativement entre des limites déterminées, une équation *quelconque* à trois variables. La méthode graphique qu'il a imaginée à cet effet [2] est des plus ingénieuses, et a déjà rendu de grands services en pratique.

Rappelons enfin que la méthode des points alignés s'est montrée remarquablement apte à mettre en lumière la forme analytique de certaines lois physiques déterminées par l'expérience.

On peut citer, à cet égard, les recherches du commandant Batailler sur la résistance de l'air au mouvement des projectiles, de M. Beghin sur la formule de traction d'une locomotive de type donné, du lieutenant-colonel Lafay sur la vitesse initiale des projectiles, de M. Rateau sur la consommation théorique des machines à vapeur [3], etc. Mais une des applica-

---

[1] *Voir* **3**, p. XII et XIII, en note.
[2] *G. C.*, t. XL, 1902, p. 298.
[3] *Voir* **3**, n°ˢ 88, 89, 90; **5**, n°ˢ 74 et 80.

tions les plus remarquables de la méthode aux sciences expérimentales est assurément celle qui en a été faite par le professeur L.-J. Henderson, de l'Université Harward, à l'étude des phénomènes respiratoires dans le sang ([1]).

NOMOGRAMMES A SYSTÈMES COTÉS MOBILES.

Dans les nomogrammes à points alignés, les contacts constituant la liaison graphique ont lieu entre points cotés fixes et l'index mobile, élément constant (c'est-à-dire sans cote). L'idée s'offrait donc naturellement d'augmenter le nombre des variables en présence, tout en conservant à la représentation le caractère d'être intrinsèque, par substitution à l'élément mobile constant d'éléments mobiles cotés.

D'une manière générale, la position d'un plan mobile π' sur un plan fixe π dépend de trois paramètres. Cette position se trouvera donc fixée par trois contacts établis entre éléments appartenant à l'un et l'autre plan, par exemple, par contacts de trois lignes de π' respectivement avec trois points de π. Une fois la position relative des deux plans ainsi fixée, on pourra constater l'existence du contact d'une quatrième ligne de π' avec un quatrième point de π.

On aura donc ainsi constitué un type de nomogramme dont la liaison graphique résidera dans la simultanéité de quatre contacts.

Puisque, sans dissociations (propres à constituer des éléments condensés dont le nombre des cotes pourra être accru indéfiniment), on peut établir chacun des contacts au moyen d'une ligne à une cote et d'un point à deux cotes, on aura ainsi le moyen de constituer des nomogrammes permettant la représentation intrinsèque d'équations pouvant contenir jusqu'à douze variables.

Cette idée de principe se rencontre pour la première fois, sous une forme générale, dans une note adressée par nous, dès 1893, à l'Académie des Sciences ([2]).

([1]) *C. R.*, t. 180, 1925, p. 2066.
([2]) *C. R.*, t. 117, p. 216 et 277.

D'ailleurs, tous les procédés antérieurs comportant un élément constant mobile (abaques hexagonaux, points alignés, etc.) en apparaissaient comme des cas particuliers, et il en était de même de certains instruments de calcul simplifié bien plus anciens encore, tels que les règles à calcul dont il sera question plus loin (Chap. V).

Si, en effet, deux des quatre contacts simultanés sont remplacés par la coïncidence permanente des axes Ox de π et $O'x'$ de π', on peut établir les deux autres contacts entre droites de deux systèmes distincts perpendiculaires à $O'x'$, sur π', et points de deux échelles graduées parallèles à Ox, sur π. On a ainsi le schéma des règles à calcul qui, en raison de leur dispositif matériel, se trouvent ici rejetées dans le calcul nomomécanique.

On peut aussi considérer à part le cas où l'un des quatre contacts a lieu entre $O'x'$ et le point à l'infini sur Ox, autrement dit, est constitué par le parallélisme de ces deux axes, auquel cas le plan mobile π' est à *orientation fixe*. On reste libre, en pareil cas, du choix des éléments intervenant dans les trois autres contacts, ce qui, si l'on fait entrer dans chacun de ces contacts un point à deux cotes et une ligne à une cote, conduit à une représentation intrinsèque possible dans le cas de neuf variables. Les nomogrammes de ce genre ont fait l'objet d'une étude approfondie de la part de M. Margoulis, ancien directeur du laboratoire aérodynamique Eiffel, qui leur a donné le nom de *nomogrammes à transparent orienté* (¹), et qui en a fait connaître un grand nombre de très remarquables applications, principalement à des questions d'aérodynamique et d'aviation.

M. le professeur R. Mehmke avait précédemment fait connaître une ingénieuse méthode de résolution nomographique des équations (²) qui peut être rattachée *a posteriori*

(¹) *C. R.*, t. 174, 1922, p. 1684. *Voir* aussi dans le même tome, page 1664, la note que nous avons consacrée à ce sujet.

(²) *Zeitschr. f. math. u. phys.*, t. 35, 1890, p. 174. *Voir* 3, nᵒˢ 139, 140, 141; 5, nᵒ 98.

à ce même type général avec intervention du principe de l'anamorphose logarithmique de Lalanne.

M. Mehmke appelle, en effet, *image logarithmique* d'une fonction $f(z)$ la courbe représentative de cette fonction que l'on obtient en faisant correspondre à chaque valeur de z le point de coordonnées cartésiennes $x = \log z$, $y = \log f(z)$. Dans ces conditions, toutes les images d'un trinome algébrique en z peuvent être engendrées par le déplacement d'une seule courbe tracée sur le plan π' orienté, et, de même, toutes les images d'un quadrinome par le déplacement d'un système de courbes à simple cote tracées sur ce plan orienté.

De là, les nomogrammes à images logarithmiques de M. Mehmke, applicables à la résolution d'équations algébriques pouvant contenir jusqu'à six termes, et, en particulier, par conséquent, à celle de toutes les équations complètes jusqu'au cinquième degré inclus.

En multipliant le nombre des plans appliqués les uns sur les autres, à raison de trois contacts pour fixer la position de chacun d'eux par rapport au plan initial regardé comme fixe, on arrive à des types de représentation encore intrinsèque applicables à des nombres indéfiniment croissants de variables (¹). C'est le cas des règles à calcul à plusieurs réglettes et aussi des règles à appuis successifs de M. Hansson (²).

Ces rapides indications suffiront sans doute à faire pressentir les ressources, en quelque sorte indéfinies, que peut offrir le calcul nomographique.

V. — CALCUL NOMOMÉCANIQUE.

INSTRUMENTS LOGARITHMIQUES.

Lorsque certains des contacts intervenant dans la liaison graphique d'un nomogramme sont assurés au moyen d'un

---

(¹) **3**, n° 146; **6**, n° 101.
(²) **5**, n° 95.

dispositif matériel comportant, par exemple, des règles glissant les unes le long des autres ou des disques concentriques tournant les uns sur les autres (à l'exception de véritablés mécanismes), on a affaire à ce qu'on peut appeler un *instrument nomomécanique* [1].

Parmi ces instruments, ceux qui ont de beaucoup le plus d'importance sont ceux où la liaison a lieu entre échelles logarithmiques, dits, pour cette raison, *instruments logarithmiques*.

La notion de logarithme, sur quoi repose le fonctionnement de ces instruments, peut bien aisément être donnée même à des personnes étrangères aux mathématiques. Il suffit, en effet, de savoir que l'algèbre apprend à déterminer pour tout nombre N, quel qu'il soit, un autre nombre, dit son logarithme, et représenté par log N, tel que si le nombre N est le produit de deux autres nombres tels que N' et N'', log N est égal à la somme de log N' et log N''.

L'emploi des logarithmes ramène donc la multiplication et la division à l'addition et à la soustraction [2].

Les échelles logarithmiques. Instruments à index (règles, cercles, hélices).

A peine Néper avait-il fait connaître la merveilleuse invention de ces logarithmes, que l'on s'efforça de pousser encore plus loin la simplification en associant le principe des logarithmes à certain mode de représentation cotée propre à rendre immédiates les opérations fondées sur leur emploi.

L'idée mise en avant à cet effet est bien simple et, vu l'éducation mathématique de nos esprits, nous semble aujour-

---

[1] On peut, très rationnellement, classer dans cette catégorie les très curieux instruments destinés à diverses déterminations astronomiques qui, peut-être d'abord envisagés par les Arabes, se sont répandus et multipliés chez nous au moyen âge, dont le *quadratum horarium generale*, cité plus haut (p. 104), est un exemple remarquable. Imaginés à une époque où les mathématiques étaient encore si peu avancées, ces instruments décèlent chez leurs inventeurs une prodigieuse ingéniosité.

[2] On trouvera en Annexe (note III) un résumé de l'histoire de ces logarithmes.

d'hui toute naturelle. Mais, si l'on se reporte à l'époque qui l'a vue éclore, on ne peut s'empêcher d'admirer la profonde sagacité de celui à qui l'on doit en faire honneur, l'Anglais Edmond Gunter (1581-1626) qui la publia en 1624 [1].

Cette idée consiste à porter sur une ligne droite, à partir d'une même origine, des longueurs proportionnelles aux logarithmes des nombres, en ayant soin d'inscrire à côté du point marquant l'extrémité de chacun de ces segments le nombre dont ce segment représente le logarithme (*fig.* 49).

Fig. 49.

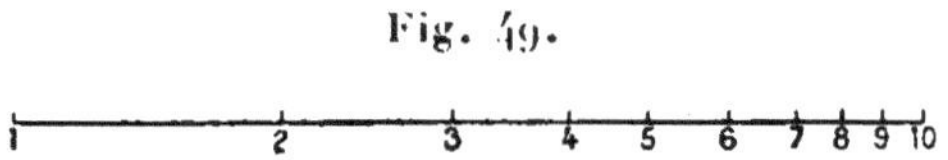

Un axe ainsi gradué porte le nom d'*échelle logarithmique.* Il constitue et, comme on vient de le voir, dès le début du XVIIe siècle, le premier exemple classique de ces échelles de fonctions dont la notion a été généralisée et l'emploi étendu par la nomographie.

Comment, avec une telle échelle, pourra-t-on effectuer la multiplication de deux nombres $A \times B$?

Après avoir pris une ouverture de compas égale au segment compris entre le point coté 1 et le point coté B, on portera cette ouverture de compas sur l'axe à partir du point coté A. Le nombre lu en face de la seconde pointe du compas sera égal au produit $A \times B$ cherché. En effet, le segment compris entre le point 1 et cette seconde pointe du compas est alors égal à log A + log B, c'est-à-dire au logarithme de $A \times B$. Donc, en vertu même de la construction de l'échelle, c'est la valeur de ce produit qui est alors inscrite à côté de la seconde pointe du compas.

---

[1] Le principe de la *ligne de Gunter*, comme on disait alors, a été répandu en France pour la première fois par l'ouvrage d'Henrion : *Logocanon ou règle proportionnelle* (Paris, 1626). Les œuvres de Gunter ont été réunies par W. Leybourne sous le titre : *The works of Ed. Gunter* (Londres, 1673). Scheffelt, en 1699, construisait à Ulm des règles de Gunter. Un petit ouvrage de Boissaye du Boccage, imprimé au Havre en 1683, explique l'usage de la ligne des logarithmes enroulée sur un cercle.

Au lieu d'employer un compas pour cumuler les segments logarithmiques, on pourra accoler à la règle portant sur un de ses bords l'échelle logarithmique une autre règle munie de deux index, l'un fixe, l'autre mobile, qui joueront le même rôle que les pointes du compas.

Fig. 5o.

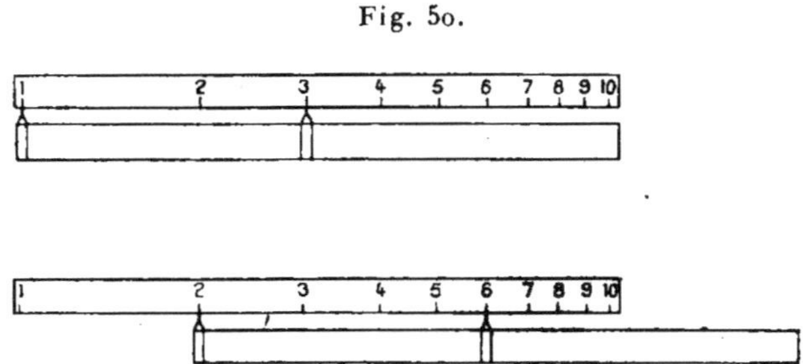

La figure 5o rend ce mode de fonctionnement en quelque sorte, tangible sur l'exemple 2 × 3.

Il faut remarquer que le bord par lequel les deux règles s'appliquent l'une sur l'autre peut être incurvé en forme de cercle ou tordu en forme d'hélice, ces deux courbes étant les seules partageant avec la ligne droite la propriété d'être applicables sur elles-mêmes dans toutes leurs parties.

On obtient alors des dispositions matérielles différentes de la précédente et offrant l'avantage de se prêter à un plus grand développement numérique sous de plus faibles dimensions, mais la manière de procéder reste toujours la même.

Dans un cas, le cercle gradué et l'index mobile devront pouvoir tourner, indépendamment l'un de l'autre, autour du centre; dans l'autre, l'hélice graduée et l'index mobile devront être susceptibles d'un double mouvement de glissement et de rotation, le premier parallèle, le second normal aux génératrices du cylindre.

D'ailleurs, il suffit qu'il y ait possibilité de mouvement relatif des deux index et de la graduation les uns par rapport aux autres. On pourra prendre comme organe fixe l'un quelconque de ces trois éléments. Par exemple, dans le cas du cercle, la graduation circulaire pourra être rendue fixe, les deux index étant alors mobiles, mais reliés de telle sorte que le premier entraîne le second, sans que leur angle varie, tandis que le second puisse être déplacé arbitrairement par rapport au premier.

Les figures 51 et 52 fournissent l'image du mode de fonc-

Fig. 51.

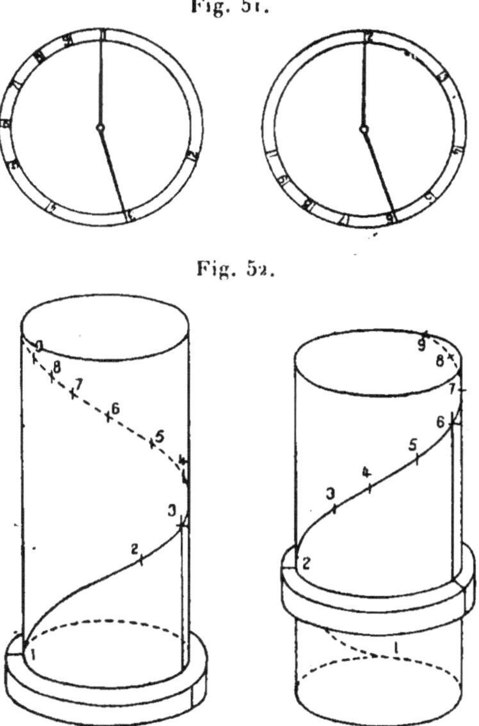

Fig. 52.

tionnement dans les deux cas du cercle et de l'hélice, sur l'exemple 2 × 3.

D'après M. Favaro, dont les importantes recherches historiques ont jeté une vive lumière sur la genèse des instruments logarithmiques, la première échelle circulaire aurait été construite par Oughtred ([1]), en 1632, et la première échelle hélicoïdale par Milburne ([2]), en 1650.

([1]) *Circle of proportion* (Londres, 1632; Oxford, 1660).

([2]) *History of logarithms*, de Hutton (en tête de ses *Mathematical*

Ces dispositions se retrouvent dans plusieurs instruments modernes. Le cadran arithmétique de Boucher (¹) (*fig.* 53)

Fig. 53.

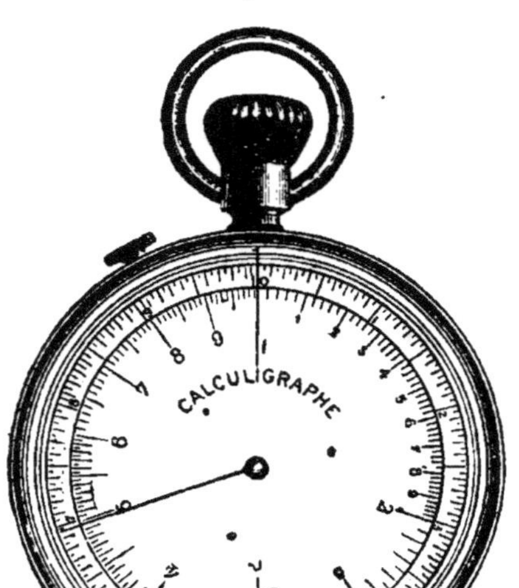

a l'aspect d'une montre dont la graduation circulaire logarithmique peut être déplacée devant l'index fixe (position de l'aiguille marquant midi) au moyen du remontoir, tandis que l'index mobile constitué par l'aiguille de ce cadran est manœuvrable au moyen du bouton voisin.

Un exemple de la seconde variante (cercle fixe à deux index mobiles), qui semble s'être déjà rencontrée dans l'appareil d'Oughtred, se retrouve dans le cercle qu'a fait construire

---

Tables, 1811, p. 36). Une hélice à calcul a été présentée à l'Académie des Sciences par M. Bouché (*C. R.*, 2ᵉ sem. 1857, p. 437). M. Malassis pense que l'échelle de Milburne aurail bien pu être portée sur une spirale et non une hélice.

(¹) *La Nature*, 1878, p. 31. La figure 53 représente le modèle à échelle simple. Il existe un autre modèle à échelles multiples.

M. Pierre Weiss ([1]). Une heureuse application de l'échelle hélicoïdale se trouve réalisée dans le *Spiral slide rule* du professeur Georges Fuller, de Belfast ([2]) (1878) (*fig.* 54).

Fig. 54.

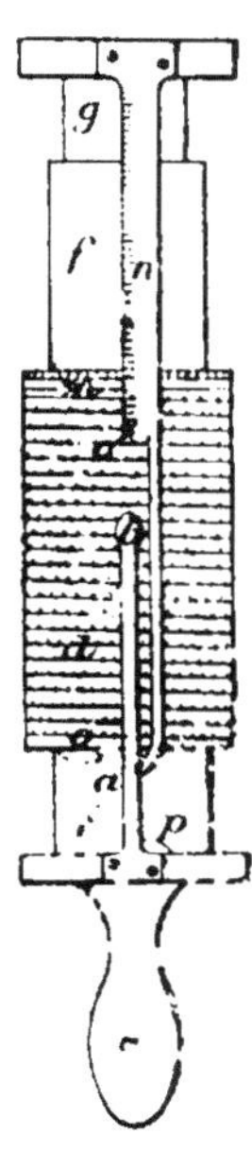

Dans cet appareil, le premier index est constitué par l'extrémité de la tige *b* solidaire de la poignée *e* du manchon *f*; l'index mobile, par l'extrémité *c* de la tige *n* solidaire du cylindre *g* qui pénètre à frottement doux dans le manchon *f*, à l'intérieur duquel il peut tourner et glisser de façon à permettre d'amener l'index *c* en un point quelconque de l'échelle hélicoïdale. Enfin, le cylindre *d* portant cette échelle est lui-même enfilé à frottement doux sur le manchon *f*.

L'appareil, dont la longueur, poignée comprise, est de 0^m,42,

---

([1]) *C. R.*, 2e sem. 1900, p. 1289.

([2]) *Spiral slide rule, equivalent to a straight slide rule 83 feet 4 inches long, or a circular rule 13 feet 3 inches in diameter* (Londres, 1878).

équivaut à une règle droite de $25^m,4o$ et fournit des résultats approchés au $\frac{1}{10\,000}$.

Les échelles juxtaposées. — Règles à calcul.

Imaginons deux règles placées bord à bord et portant chacune, sur ce bord commun, une même échelle logarithmique. Si le point 1 de l'une d'elles se trouve en face du point A de l'autre, le point B de la première se trouve en face d'un point de la seconde dont la cote est égale au produit $A \times B$ (*fig.* 55).

Fig. 55.

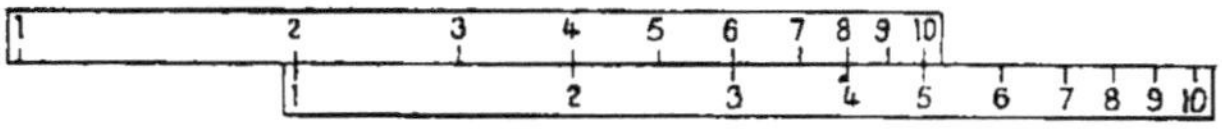

En effet, la distance de ce point C au point 1 de la même échelle se compose de la distance du point 1 au point A de cette échelle, et de la distance du point 1 au point B de l'autre échelle. Ces distances sont, par construction, égales respectivement à log A et à log B. La distance de 1 à C est donc égale à

$$\log A + \log B,$$

c'est-à-dire au logarithme de $A \times B$, et par suite, la cote C est égale à ce produit.

Remarquons que la disposition des divers nombres, correspondant aux traits mis en coïncidence d'une règle à l'autre, reproduit, en quelque sorte, celle de la proportion

$$\frac{A}{I} = \frac{C}{B}.$$

Si donc on a mis le trait 1 d'une des règles en face du trait A de l'autre, tous les nombres C et B qui se trouvent, l'un sur la première règle, l'autre sur la seconde, en face d'un même point de leur bord commun, satisfont tous à la proportion ci-dessus. C'est ainsi que la disposition de la figure 55 donne

$$\frac{2}{I} = \frac{4}{2} = \frac{6}{3} = \frac{8}{4} = \frac{10}{5}.$$

C'est pour cette raison que les premières règles ainsi disposées ont reçu le nom de *règles de proportion*. Elles servent, au fond, à poser des proportions. Lorsque l'un des termes de la proportion est pris égal à 1, celui qui lui correspond dans la multiplication en croix est égal au produit des deux autres.

· Remarquons, en outre que, pour pouvoir obtenir ainsi le produit de deux nombres pris dans les échelles juxtaposées, il faut que l'échelle supérieure soit prolongée. On voit, par exemple, sur la figure 55, que les produits par 2 des nombres de la règle inférieure qui sont plus grands que 5 tombent en dehors de l'échelle supérieure.

D'ailleurs, la propriété fondamentale des logarithmes donnant immédiatement

$$\log(10 \times A) - \log A = \log 10,$$

on voit que l'échelle logarithmique de 10 à 100 est *identique* à celle de 1 à 10 (de même pour celle de 100 à 1000, de 1000 à 10 000, et ainsi de suite). Il suffit donc de répéter l'échelle de 1 à 10 de l'échelle supérieure, pour que, l'échelle inférieure glissant contre celle-ci, il y ait toujours possibilité de lire le résultat.

Cette disposition, généralement attribuée à Wingate [1], doit, d'après les travaux du professeur F. Cajori [2], l'être à Oughtred. Elle réalisait, par rapport à l'emploi du compas, une amélioration sensible sous le rapport de la précison.

Elle fut rendue plus pratique encore, en 1671, par Seth Partridge [3], qui imagina la règle à coulisse dont le type s'est maintenu dans les instruments dont nous nous servons aujourd'hui.

Avant d'aller plus loin, nous ferons observer qu'il est tou-

---

[1] *Construction, description et usage de la règle de proportion* (Paris, 1624). — *Arithmétique logarithmique* (Paris, 1626).

[2] *History of the logarithmic slide rule* (New-York, 1909).

[3] *The description and use of an instrument called the double scale of proportion* (Londres, 1671). Le constructeur de la règle de Partridge fut Haynes.

jours possible, moyennant une bien légère modification, d'obtenir le produit de deux nombres quelconques pris respectivement sur les deux échelles sans avoir besoin de doubler l'une d'elles pour faire face à tous les cas. Il suffit pour cela

Fig. 56.

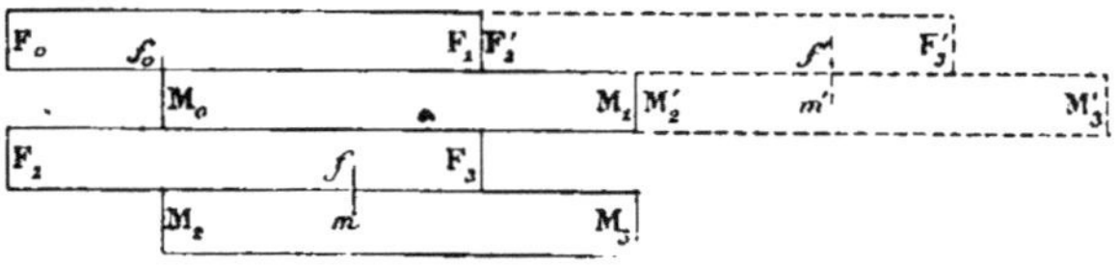

de *retourner* l'une de ces échelles, comme l'indique la figure 56.

Cette façon de mettre les échelles en prise correspond à l'égalité écrite non plus sous forme de la proportion ci-dessus, mais sous celle-ci :

$$A \times B = C \times 1.$$

Les nombres A et B étant mis en coïncidence d'une règle à l'autre, leur produit est le nombre qui se trouve sur l'une en face du trait 1 de l'autre. Si ce trait 1 est en dehors de la partie commune aux bords des deux règles, le produit est donné (à un multiple de 10 près) par le nombre qui se trouve en face du trait 10 [1].

Seth Partridge, le premier inventeur de la règle à coulisse, eut de nombreux imitateurs : Sauveur [2] en France (vers 1700),

---

[1] On trouve une telle échelle retournée dans la règle Beghin citée plus loin. M. Malassis possède une règle de Collardeaux-Decheaume, datée de 1820, qui offre cette même disposition. Cette règle est munie de deux réglettes, l'une au recto, l'autre au verso, et d'une échelle spéciale pour les cubes.

[2] D'après Lalanne [*Instruction sur les règles à calcul* (1851), préface, p. VII], cet auteur fit construire des règles à coulisse par des artistes nommés Gevin et Le Bas. On trouve dans l'ouvrage de N. Bion, *Constructions et usage des instruments mathématiques* (1752), la description d'une jauge logarithme à coulisse de Sauveur. Le Conservatoire des Arts et Métiers possède, par ailleurs, deux règles logarithmes en cuivre, dues à Sauveur, et dont l'une est longue de 1ᵐ,40.

Leadbetter (¹), en Angleterre (1750); Lambert (²), en Allemagne (1761). Mais c'est, et de beaucoup, en Angleterre, que
l'usage de ce précieux auxiliaire du calculateur se popularisa
le plus rapidement (³). Il y fut construit successivement
par Mountain (1778), Makay (1802), les frères Jones (1814).

C'est une règle des frères Jones que l'ingénieur géographe
Jomard introduisit en France, en 1815. Des échelles de
Gunter avaient bien été déjà utilisées chez nous, voire des
règles à échelles juxtaposées, comme celles de Sauveur,
déjà citées, ou de Camus, dont il sera question plus loin.
Mais l'usage de ces instruments de calcul ne s'était pas
répandu et l'importation de Jomard fut accueillie en France
comme une nouveauté (⁴).

A l'incitation de Jomard lui-même, et aussi de Hachette, la
règle à coulisse devint, vers 1820, l'objet d'une fabrication
courante dans les ateliers de Lenoir qui légua cette spécialité
industrielle à ses successeurs, d'abord Gravet-Lenoir, puis
Tavernier-Gravet (⁵). Ces constructeurs sont parvenus, grâce
à des perfectionnements successifs, à donner aux règles à
calcul une précision qui n'est surpassée nulle part. C'est de
leurs ateliers que, depuis plus de trois quarts de siècle, sont

---

(¹) Considéré à tort par certains auteurs comme le premier inventeur
do la règle à coulisse (25, p. 72).

(²) *Beschreibung und Gebrauch der logarithmischen Rechenstabe*
(Augsbourg, 1761 et 1772). La règle de Lambert de 4 pieds de long
fournissait des résultats approchés au demi-millième. Mais c'est à tort
que Francœur regarde Lambert comme le premier inventeur des
échelles juxtaposées (*B. S. E.*, 1821, p. 78).

(³) Primitivement construites à Soho, les règles à calcul ont longtemps
porté, en Angleterre, le nom de *Soho-scale* ou de *Soho-rule*. Elles y sont
maintenant désignées sous le nom de *Sliding-rule* ou *Slide-rule*.

(⁴) Introduite en Autriche, vers 1840, par les professeurs Adam Burg
et Schulz von Strassnicki, la règle à calcul pénétra quelques années
plus tard en Italie, grâce au professeur Quintino Sella qui lui consacra
une étude très détaillée traduite depuis lors en français par M. Montefiore
Lévi (Liège, 1869).

(⁵) Il est très remarquable qu'antérieurement à cet essai la diffusion
en France des instruments logarithmiques, Laplace avait, dans son
Exposition du système du monde, préconisé l'emploi de ces instruments.

sorties la plupart des règles françaises, de types d'ailleurs variés (¹), parmi lesquelles nous nous bornerons à citer les

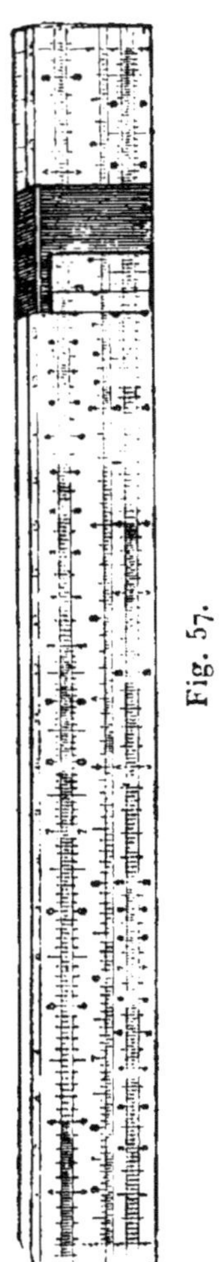

Fig. 57.

règles Mannheim, de deux types différents dont l'un à échelles

---

(¹) La règle en carton, à enveloppe de verre, de Lalanne, publiée en 1851 chez Hachette, constitue plutôt un modèle de démonstration à mettre entre les mains des élèves.

repliées et à curseur (1851), la règle Péraux à échelles frac-
tionnées et à deux réglettes (1860) (¹), la règle, munie de loupe,
établie d'après les indications de M. l'ingénieur en chef
Lallemand pour la Commission du Cadastre (1892), enfin la règle
Beghin (²) (*fig.* 57) pourvue de dispositions ingénieuses qui
permettent notamment d'effectuer par un seul déplacement
de la réglette, dans tous les cas possibles, le produit de trois
facteurs ou le quotient d'un nombre par le produit de deux
autres (³).

(¹) D'après un renseignement fourni par la maison Tavernier-Gravet,
les premiers essais de Péraux remontaient à une vingtaine d'années
déjà lorsque sa règle fut livrée au public.

Une autre règle à deux réglettes a été proposée récemment (1900)
par M. Herrgott qui, comme M. Péraux, a consacré à son modèle une
notice spéciale.

(²) M. Beghin a donné la description détaillée et indiqué les nombreux
usages de sa règle dans une brochure spéciale dont plusieurs éditions se
sont rapidement succédé à partir de 1899. Non content d'ailleurs de
développer d'une façon très complète la théorie de cette règle, il en
fait connaître une longue suite d'applications à des problèmes variés)
empruntés à l'arithmétique, à la géométrie, à l'algèbre, à la trigonométrie,
à la mécanique appliquée, à la physique et à la chimie industrielles, voire
à l'industrie textile. Il convient d'ajouter que, sans que M. Beghin en ait
eu connaissance, une règle analogue à la sienne avait été, dès 1882,
proposée par M. Tchérépachinsky, professeur à Moscou; mais cette règle,
construite par Tavernier-Gravet à un seul exemplaire, était restée ignorée
du public.

(³) M. Favaro, continuant une liste dressée en 1856 par Sedlaczek,
fait connaître une énumération de types divers de règles à calcul (**25**,
p. 110 et 111).

Indépendamment des notices spéciales rédigées par divers inventeurs,
et notamment par MM. Péraux et Beghin à propos des modèles qu'ils
ont imaginés, la règle à calcul a fait l'objet d'un très grand nombre
d'instructions parmi lesquelles, pour nous en tenir à la langue française
et sans prétendre épuiser la liste, nous citerons celles qui sont dues
aux auteurs suivants : Collardeau (1820); Ph. Mouzin (3ᵉ éd., 1837):
J.-F. Artur (1827, 2ᵉ éd., 1845); Aug. Hadéry (1845); L. Lalanne (1851);
F. Guy (3ᵉ éd., 1855); P.-M.-N. Benoit (1853); un professeur de mathématiques élémentaires (le Fr. René) (1865); Montefiore Lévi (traduit
de l'italien d'après Quintino Sella, 1869); Labosne (1872); Claudel (1875);
Gros de Perrodil (1885); Leclair (1902); Jully (1903); Dreyssé (1903);

Les règles à calcul peuvent d'ailleurs être munies d'échelles supplémentaires intéressant plus particulièrement telle ou telle application (1).

La plupart de celles qui sont entrées dans la pratique courante possèdent (en général, au revers de la réglette) des échelles trigonométriques (logarithmes des sinus et tangentes), fort utiles, notamment pour les calculs relatifs aux levers topographiques.

D'autres ont reçu des échelles logarithmo-logarithmiques (logarithmes des logarithmes) en vue d'opérer des élévations à des puissances ou des extractions de racines d'indice quelconque. On peut, à cet égard, citer les règles de Roget (2) (1815), de Burdon (3) (1864), de Blanc (4), de Schweth (5) (1901).

Le professeur Fürle a construit une règle (6) qui, grâce à l'adjonction à l'échelle ordinaire d'échelles ayant des modules doubles, triples, et d'une échelle logarithmo-logarithmique, permet de résoudre des équations des 4e et 5e degrés, des équations trinomes quelconques et même certaines équations transcendantes.

En vue d'effectuer diverses opérations transcendantes, la règle à calcul a été parfois pourvue de certains dispositifs propres à établir des rapports déterminés entre les glissements

---

A. Vincent (1905); P. Rozé (1907); nous-même (1910; 2e éd., 1921); J. Bournisien (1917); J. Dap (1923); J. Lemoine (1925).

J.-F. Artur a, en outre, imaginé, pour accroître la précision des lectures faites sur les règles logarithmiques, un vernier spécial qui est d'ailleurs resté à l'état de simple curiosité théorique (*B. S. E.*, 1851, p. 675).

(1) Bour a fait voir que l'existence sur un bord de la règle d'une échelle logarithmique double de celle de l'autre bord (c'est-à-dire sur laquelle les intervalles entre les traits sont doublés) se prêtait aisément, par retournement bout pour bout de la réglette, à la résolution des équations du troisième degré ramenées à la forme trinome.

(2) *Lond. Trans.*, 1815, p. 9 (6, p. 426, note 756).

(3) *C. R.*, 1er sem. 1864, p. 573.

(4) **14**, p. 225. — **13**, p. 145.

(5) *Zeitschr. Ver. deutscher Ing.*, 1901, p. 567, 720 (6, p. 427, note 760).

(6) *Zur Theorie der Rechenschieber (Wissenschaftliche Beilage zum Jahresbericht der Neunten Realschule zu Berlin)*; 1899.

des échelles juxtaposées. Il paraît que Newton (¹), le premier, aurait eu l'idée d'un tel dispositif permettant la résolution d'équations algébriques. On peut citer, dans le même ordre d'idées, la règle de F.-W. Lanchester (²) à curseur radial et celle de Baines (³) à parallélogramme articulé.

Des règles ont été aussi construites uniquement avec des graduations spéciales, en vue de telle ou telle application (⁴).

(¹) D'après une lettre d'Oldenburg à Leibniz, en date du 24 juin 1675, reproduite dans les *Opera omnia de Newton* (t. IV, Londres, 1782, p. 520) et dans les *Mathematische Schriften* de Leibniz (1ʳᵉ partie, fasc. I, Berlin, 1849, p. 78). Chose remarquable, la solution de Newton présente une analogie frappante avec une de celles qui sont dues à M. Torres (3, n° 136).

(²) *Engineering*, 7 août 1896, p. 172.

(³) *Engineer.*, 1ᵉʳ avril 1904, p. 346.

(⁴) Nous citerons, comme règles à graduations spéciales construites chez Tavernier-Gravet, celles de Moinot (1868), Goulier (1873), Sanguet (1888), Bosramier (1892), pour les levers tachéométriques; de Montrichard (1876), pour le cubage des bois; Lebrun (1886), pour les calculs de terrassements; Gallice (1897), pour les calculs nautiques (en employant la division de la circonférence en 250 degrés proposée par M. de Sarrauton); Leven (1903), pour les reports de bourse; Mougnié (1904), pour le calcul des conduites d'eau, d'après la formule de Flamant. La Société des Forges et Aciéries de Saint-Chamond a aussi fait faire en 1895 une règle spéciale pour les vitesses, poids et calibres des projectiles. Plus récemment, de nouvelles règles ont été établies en vue de certains besoins industriels, notamment par M. P. Chessé, pour les calculs relatifs au chauffage central des habitations.

D'autres règles pour les calculs de terrassements ont été construites notamment par MM. Toulon (DURAND-CLAYE, *Cours de Routes*, 2ᵉ éd., p. 561) et Paulin (*Portefeuille des Conducteurs des Ponts et Chaussées*, t. XXI, 1889, p. 133).

Pour les calculs d'hydraulique, la maison W.-F. Stanley, de Londres, construit l'*Hydraulic calculating rule* de Honeysett, fondé sur la formule de Bazin, et l'*Hydraulic calculator* d'Anthony, fondé sur la formule de Manning. En ces derniers temps (1927), la Société des hauts-fourneaux et fonderies de Pont-à-Mousson a également combiné une règle, pour les besoins de l'hydraulique, d'après la formule de Darcy.

En juillet 1904, M. Wurth-Micha, ingénieur à Liège, a fait construire une règle pratique pour le calcul des distributions de vapeur.

Enfin, nous citerons l'ingénieux ruban logarithmique de M. J. Crevat (*La Nature*, 1893, p. 378) qui permet d'obtenir, au moyen d'une triple mensuration, le poids du bétail sur pied.

Il est très remarquable que des exemples de règles de cette sorte puissent être cités en France à une époque où l'usage de la règle ordinaire n'avait pas encore pénétré dans le public : il s'agit de la jauge de Sauveur, citée plus haut, ainsi que de celle proposée en 1741 par Camus pour déterminer, au moyen de deux mesures linéaires, la capacité des futailles (¹), celle aussi de Gattey (1799).

En dotant la règle de plusieurs tiroirs, en y imprimant des échelles, non pas simples, mais *binaires* (p. 122), un ingénieur hollandais, M. F.-J. Vaes, a pu appliquer la règle à calcul à des formules portant sur un plus grand nombre de variables. A ce point de vue, la règle très remarquable qu'il a imaginée pour la traction des locomotives (3, p. 135) mérite une mention toute spéciale.

On peut aussi en rapprocher la règle si ingénieusement combinée par M. Rieger en vue de tous les calculs que comporte l'emploi du béton armé dans les constructions (²).

Les règles logarithmiques se rencontrent enfin, combinées avec d'autres organes, dans différents appareils comme l'*arithmoplanimètre* de Lalanne (³) qui, destiné principalement à la mesure des aires planes, peut aussi, comme l'a remarqué l'auteur lui-même, servir d'instrument de calcul.

Grilles, cylindres, cercles. tambours à calcul.

En vue d'avoir, sous des dimensions commodes, l'équivalent d'une règle d'une grande longueur, on peut fractionner la règle et la réglette en un même nombre de parties égales et placer les segments ainsi obtenus les uns au-dessous des autres en faisant alterner ceux de la règle (tous solidaires

---

(¹) M. P. Veyrac a récemment imaginé, pour le même problème, une règle spéciale ingénieusement complétée par certains abaques.

(²) Éditée à Brunn (Tchécoslovaquie) en 1924. Un cercle, dû à M. Deguillaume, a été construit pour le même objet par la maison Morin d'où sont également sortis quatre cercles différents du commandant Denis relatifs à l'usinage des métaux. Tous ces cercles sont exposés dans les galeries des Arts et Métiers.

(³) *A. P. C.*, 2ᵉ sem. 1840, p. 3.

entre eux) avec ceux de la réglette (de leur côté aussi solidaires entre eux).

Cet accolement des fragments de la règle et de la réglette peut d'ailleurs se faire soit sur un plan, ce qui donne ce qu'on peut appeler une *grille à calcul*, soit sur la périphérie d'un cylindre, le long d'un certain nombre de ses génératrices régulièrement espacées, ce qui donne les *cylindres à calcul*.

Comme exemples de grilles à calcul, on peut citer l'*Universal proportion table* du professeur Everett (¹) et les tables analogues de MM. Derivry (*Carte à calcul*), Kloth (²) (sur verre), Scherer (³) et Prœll (⁴).

Comme exemples de cylindres, celui de Mannheim (⁵), premier inventeur, en 1851, de cette disposition spéciale, le *Cylindrical slide rule* de Thacker (⁶) et le *Rouleau calculateur* de J. Billeter (⁷).

La *forme circulaire*, déjà mentionnée plus haut pour l'emploi d'une échelle logarithmique à index, mobile (⁸) se prête également bien à la juxtaposition de deux échelles glissant l'une contre l'autre. Elle a donné naissance à une nombreuse lignée de *cercles à calcul* qui, dans un temps où la règle à calcul n'était pas encore devenue chez nous un objet de pratique courante, comptait déjà en France quelques

---

(¹) **25**, p. 95.

(²) *P. J.*, t. CCLX, 1886, p. 170.

(³) *Logarithmisch-graphische Rechentafel*; Cassel, 1893 (**13**, p. 140; **6**, p. 419).

(⁴) *Zeitschr. Math. Phys.*, 1901, p. 218 (**6**, p. 420, note 724).

(⁵) Le cylindre primitif de M. Mannheim existe au Conservatoire des Arts et Métiers. Sous une longueur de 0^m,135 il équivaut à une règle de 2^m.

(⁶) **13**, p. 141. Une description a paru dans le *Zeitschr. für Vermessungswesen*, t. XX, 1891, p. 438 (**6**, p. 420, note 727).

(⁷) *Zeitschr. f. Vermess.*, t. XX, 1891, p. 346 (**6**, p. 421, note 727).

(⁸) L'appareil de J. M. Biler, décrit dans l'ouvrage de Leupold *Schauplatz der Rechen und Mess-Kunst* (Leipzig, 1727, p. 77) sous le nom d'*Instrumentum mathematicum universale*, est demi-circulaire et pourvu d'un index mobile.

représentants comme les cercles de Clairaut (¹) (1727), de Leblond (²) (1795) et de Gattey (³) (1798).

Dans la période contemporaine, nous citerons à l'étranger le *Calculator* de Nystrom (1854), les cercles de Sonne (⁴) (muni d'un compteur de tours pour l'échelle mobile), Halden, F. M. Clouth (⁵), John Fuller (⁶), W. Hart (⁷) (à index et microscope), Steinhauser (⁸) (à échelles enroulées en spirales), F. A. Meyer (⁹) (à compteur comme celui de Sonne), Puller (¹⁰) (à curseur de verre et loupe); en France, ceux de Renaud-Tachet (¹¹), de Pouech (¹²), de Charpentier (¹³) de Beauvais, d'Arnault-Paisseau, d'Appoulot présentant tels ou tels avantages particuliers indiqués dans les notices spéciales.

Ces divers cercles sont d'ailleurs, pour la plupart, munis, comme les règles, d'échelles spéciales (¹⁴), carrés, cubes, lignes trigonométriques, etc.).

(¹) *Hist. de l'Acad. des Sciences*, 1729, p. 142, et *Machines de l'Ac. des Sc.*, t. V, p. 3.

(²) *Cadrans logarithmiques appliqués aux poids et mesures*; Paris, 1799.

(³) *Instruction sur l'usage du cadran logarithmique*; Paris, 1799. Ces deux derniers cadrans reproduisaient, à peu de chose près, la *roue arithmétique* de Glover (**25**, p. 73).

(⁴) *Hannover Archit. Ingen. Ver. Zeitschr.*, t. X, 1864, p. 452. — **13**, p. 142. — **6**, p. 423.

(⁵) Construit à Hambourg en 1872. — **13**, *Suppl.*, p. 3.

(⁶) Cercle dit *Computing telegraph*, construit d'abord à New-York (**25**, p. 97).

(⁷) Cercle dit *proportior*. — *Techniker*, t. XII, 1889-1890, p. 34 (**6**, p. 424, note 741).

(⁸) Construit à Munich en 1893. — **13**, *Suppl.*, p. 3.

(⁹) Cercle dit *Taschenschnellrechner*. — *Mechaniker*, t. V, 1897 (**6**, p. 424, note 742).

(¹⁰) *Zeit. f. Verm. Weser*, t. XXX, 1901, p. 296 (**6**, p. 424, note 743).

(¹¹) *G. C.*, 21 janvier 1893, p. 191.

(¹²) Ce cercle, antérieur à 1890, fait l'objet d'une notice spéciale. Il comporte des échelles enroulées en spirales pour les racines carrées et cubiques.

(¹³) Ce cercle, dont une première variante avait été livrée au public sous le nom de *calculimètre*, est entièrement métallique et d'une construction particulièrement soignée.

(¹⁴) En reliant mécaniquement, par un ingénieux dispositif, plusieurs cercles logarithmiques, M. Malassis, que nous avons déjà eu occasion

Les deux échelles circulaires juxtaposées, au lieu d'être marquées à plat sur un disque, peuvent être enroulées sur la périphérie de deux tambours contigus de même axe. Le premier exemple d'un tel *tambour à calcul* est fourni par la boîte de Hoyau (¹) dont le corps et le couvercle portaient sur leur périphérie cylindrique des échelles logarithmiques juxtaposées. D'autres tambours ont été proposés par R. Weber (²) (1872) et Beyerlen (³).

On peut enfin rattacher à cette dernière catégorie d'instruments de calcul le *ruban calculateur* du marquis de Viaris (⁴),

Fig. 58.

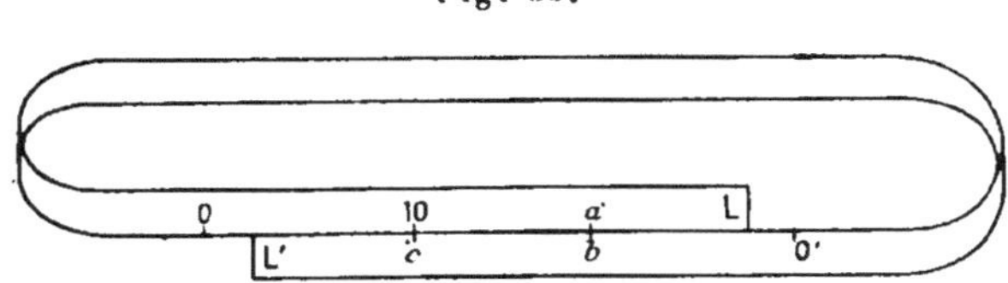

qui, en vue des opérations où l'on se contente d'une approximation assez grossière, constitue une solution fort économique.

La disposition réalisée par ce ruban est celle de l'échelle retournée dont il a été question plus haut (p. 148 et *fig. 56*). Les deux échelles à juxtaposer sont imprimées respectivement aux deux bouts d'un ruban (*fig. 58*) pareil à ceux dont les tailleurs se servent pour prendre leurs mesures. L'une

---

de citer plusieurs fois, a combiné un appareil donnant immédiatement le poids par mètre courant et par mètre carré d'une pièce de drap en fonction de son poids total, de sa longueur et de sa largeur, calcul qui se répète journellement un grand nombre de fois dans les fabriques de drap. L'inventeur a même adapté son appareil à la balance même servant à peser la pièce de façon qu'elle donne directement le poids par mètre courant et par mètre carré en même temps que le poids total.

(¹) *B. S. E.*, 1816, p. 150. L'inventeur avait, paraît-il, fait faire des tabatières cylindriques dont la périphérie formait ainsi un tambour à calcul.

(²) *Anleitung zum Gebrauche des Rechenkreises*, Leipzig, 1875. — **13**, p. 142 et *Suppl.*, p. 2.

(³) **13**, p. 143. — **14**, p. 230.

(⁴) Ancien officier de Marine, sorti en 1868 de l'École Polytechnique, mort en 1901, connu pour de remarquables travaux sur la *Cryptographie*.

des échelles est munie, au point précis où se trouve le trait coté 10, d'une sorte de crochet métallique dans lequel on fait passer la seconde extrémité pour la placer bord à bord avec la première, et dont la pointe recourbée marque · sur cette seconde échelle le point dont la cote c fait connaître le produit des deux nombres a et b correspondant aux traits qu'on a mis en coïncidence d'une échelle à l'autre.

MACHINES ALGÉBRIQUES.

Aperçu des principes généraux.

Dans les machines dites *algébriques* par M. Torres Quevedo, dont on peut dire qu'elles sont la création propre, les échelles fonctionnelles, sur lesquelles se lisent les données et le résultat d'une opération algébrique théoriquement quelconque, sont liées entre elles par un mécanisme plus ou moins compliqué jouant le même rôle que la liaison graphique sur un nomogramme.

M. Torres Quevedo a donné une théorie entièrement générale de ces machines dans le grand mémoire **39** ([1]).

Dans ce mémoire, vraiment fondamental en la matière, se trouve démontrée rigoureusement la possibilité de traduire mécaniquement, par une mise en œuvre rationnelle de moyens exactement définis, une relation analytique, ou même un système de relations analytiques simultanées, *quelconque*.

Indépendamment des véritables trésors d'ingéniosité que M. Torres a dépensés dans la conception de ses mécanismes, il convient de signaler à part l'idée très originale qui lui a permis de donner aux graduations correspondant aux diverses variables un champ pratiquement indéfini. Cette idée consiste à représenter les valeurs de chaque variable par la rotation, autour de son axe, d'un disque gradué logarithmiquement

---

([1]) Sur ce beau travail, le rapport avait été fait par M. Appell (*C. R.*, 1ᵉʳ sem. 1900, p. 874). *Voir* aussi les Mémoires publiés par M. Torres dans *A. F. A. S.* (Congrès de 1895), dans la *Revue de mécanique* (sept.-oct. 1901) et dans la *Revue des questions scientifiques* (avril 1902).

de 10 à 100, tournant, par conséquent, d'angles proportionnels
aux logarithmes des nombres inscrits sur le disque. En raison
de la périodicité de la partie décimale du logarithme vulgaire,
dans chaque intervalle compris entre deux puissances successives de 10, il suffit, pour définir l'ordre de grandeur du nombre
correspondant, d'adjoindre à ce premier disque un second
qui soit pour lui un compteur de tours, jouant, par suite,
ici le rôle de la caractéristique du logarithme. L'ensemble
de ces deux disques, disjoints sur la figure 59, mais, en réalité,

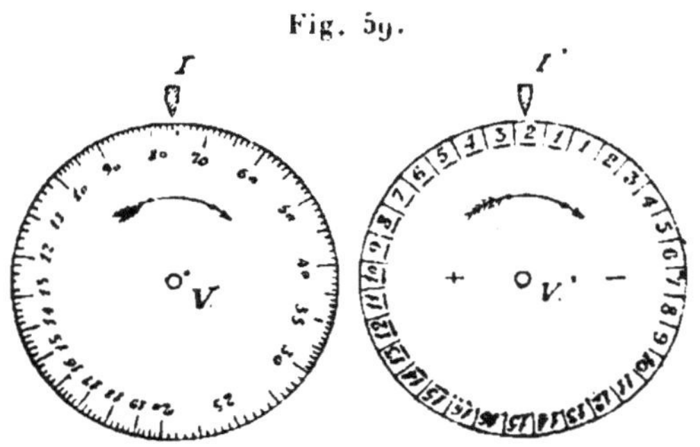

Fig. 59.

accolés, et dont les graduations se lisent respectivement en
face des index I et I', a reçu de son inventeur le nom d'*arithmo-*
phore logarithmique. La graduation du disque compteur
s'étendant de — 16 à 16, un tel arithmophore permet de
marquer tous les nombres de 10^{-16} à 10^{16}, ce qui peut être
regardé pratiquement comme un champ de variation indéfini.
Sur la figure 59, les index se trouvant respectivement en face
des cotes 78,5 et + 2, le nombre marqué est 78,5. Si l'index I'
se trouvait en face de — 2, il faudrait *lire* 0,785; en face
de 4, ce serait 7850, etc.

Il est facile de lier mécaniquement deux arithmophores
logarithmiques à un troisième de façon à faire effectuer
par ces organes une multiplication, c'est-à-dire à faire marquer
par le dernier le produit des nombres marqués par les deux
premiers. M. Torres a eu pour cela recours au train spécial
d'engrenages connu sous le nom de *différentiel* depuis son
utilisation dans l'automobile. Deux roues identiques R' et R",

dont les axes se prolongent suivant une droite X, engrènent à la fois avec une roue d'angle R dont l'axe A est fixé à un manchon tournant autour du même axe géométrique X que R′ et R″. Dans ces conditions, si les roues R′, R″ et l'axe A tournent simultanément des angles ω', ω'' et ω autour de X, on a $\omega' + \omega'' = 2\omega$. Si donc R′, R″ et A sont liés à des arithmophores, les deux premiers identiques entre eux, le troisième gradué avec une unité angulaire moitié de celle des deux premiers (c'est-à-dire gradué de 10 à 1000, alors que les premiers le sont de 10 à 100), on a entre les nombres N′, N″ et N lus sur les trois arithmophores la relation

$$\log N = \log N' + \log N'' \qquad \text{ou} \qquad N = N'N''.$$

L'addition est naturellement beaucoup moins aisée à réaliser au moyen des arithmophores, leur graduation étant logarithmique. Voici la solution remarquablement ingénieuse que M. Torres a donnée de ce problème, solution fondée sur une véritable interprétation mécanique du principe des logarithmes d'addition de Gauss :

Partant de la relation

$$(1) \qquad \log(u + v) = \log v + \log\left(\frac{u}{v} + 1\right),$$

on voit que le problème sera ramené au précédent si l'on peut former mécaniquement $\log\left(\dfrac{u}{v} + 1\right)$ au moyen de $\log\dfrac{u}{v}$, ce dernier se déduisant aisément de $\log u$ et $\log v$, grâce à l'emploi du différentiel dont il vient d'être parlé. Or, si nous posons

$$\log\frac{u}{v} = X, \qquad \log\left(\frac{u}{v} + 1\right) = Y,$$

nous avons

$$(2) \qquad Y = \log(10^X - 1).$$

Tout revient dès lors à lier mécaniquement deux arithmophores sur lesquels se lisent X et Y liés par (2). Si l'on effectue la représentation de cette équation en prenant X pour abscisse et Y pour ordonnée, on obtient une courbe dont l'allure générale rappelle celle d'une hyperbole ayant pour asymptotes la partie négative de OX et la bissectrice de l'angle XOY. Pratiquement, cette courbe se rapproche assez vite de ses asymptotes pour qu'à partir d'abscisses — α et α, qui peuvent se déterminer sur le graphique, on puisse la confondre avec elles, au degré d'approximation, que l'on désire atteindre. On n'a, dès lors, à établir, entre les déplacements angulaires X et Y, un rapport variable qu'entre les limites — α et α de X. Pour aboutir à une solution pratique, cette remarque doit encore être complétée par la suivante, d'importance capitale, qui met en lumière un genre de difficulté dont le pur mathématicien n'a pas à se soucier et qui, pour le constructeur, pourrait faire absolument obstacle à la réalisation mécanique recherchée :

Le rapport des vitesses angulaires des arithmophores de X et Y, donné par

$$\frac{dY}{dX} = \frac{10^X}{10^X + 1},$$

et qui tend vers o, lorsque X décroît indéfiniment, doit, pratiquement, prendre et conserver cette valeur o à partir de

$$X = -\alpha.$$

On ne conçoit pas la possibilité d'un mécanisme réalisant cette condition. Mais il suffit, pour sortir de cette impasse, d'écrire la relation (2) sous la forme

$$Y = \log(10^X + 1) + m\,X - m\,X,$$

dans laquelle on dispose de la constante m, et de poser

$$(3) \qquad Y' = \log(10^X + 1) + m\,X,$$
$$(4) \qquad X' = -\,m\,X,$$

parce qu'alors le rapport des vitesses angulaires correspondant à la relation (3), donné par

$$(5) \qquad \frac{dY'}{dX} = \frac{10^X}{10^X + 1} + m,$$

reste fini et égal à m lorsque X décroît indéfiniment, donc, pratiquement, doit conserver la valeur m à partir de $X = -\alpha$.

Dans ces conditions, la liaison mécanique voulue est réalisée par M. Torres au moyen d'organes par lui appelés *fusées sans fin*, F et F' (*fig.* 60), dont le profil dépend de la

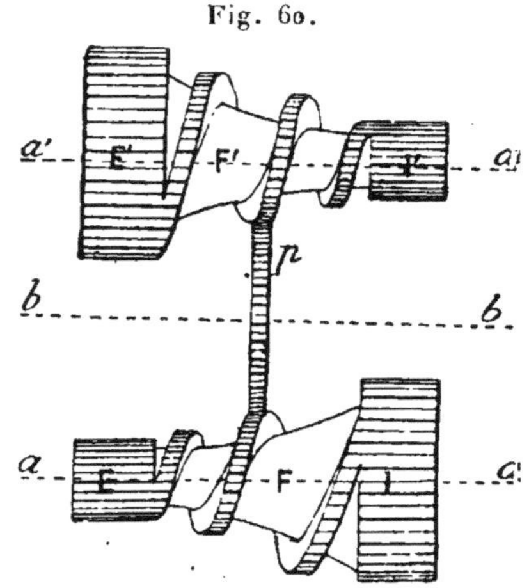

Fig. 60.

relation (3), et qui portent des dents d'engrenage disposées le long d'une sorte d'hélice, et terminées par des roues dentées ordinaires, E et I, d'une part, E' et I', de l'autre; ces roues dentées sont mises en connexion par l'intermédiaire d'un pignon p, de telle sorte que le rapport de leurs vitesses angulaires passe de la valeur m, lorsque p est en prise avec E et E', à la valeur $m + 1$, lorsque p est en prise avec I et I', en variant, dans l'intervalle, suivant la relation (5).

Quant à la transformation de X en X', suivant (4), elle n'offre aucune difficulté. A l'aide d'un différentiel, on forme ensuite Y au moyen de X' et Y', puisque l'on a simplement

$$Y = X' + Y'.$$

Nous allons, pour terminer, faire voir comment M. Torres a su combiner de tels organes en vue d'une solution entièrement générale du problème consistant à obtenir mécaniquement les racines d'une équation algébrique quelconque.

Machines à résoudre les équations.

Toute équation algébrique à coefficients réels peut, par un groupement convenable de ses termes, s'écrire sous la forme

$$(1) \qquad A_1 x^{m_1} + A_2 x^{m_2} - A_3 x^{m_3} + \ldots$$
$$= B_1 x^{n_1} + B_2 x^{n_2} + B_3 x^{n_3} + \ldots,$$

dans laquelle chaque membre ne comprend que des termes *positifs*.

Si nous posons, d'une manière générale,

$$(2) \qquad x^{m_i} = X_i, \qquad x^{n_i} = Y_i,$$

et si, à chacune des variables x, X_1, X_2, ..., Y_1, Y_2, ..., nous faisons correspondre un arithmophore logarithmique, nous pouvons lier individuellement chaque arithmophore de X_i ou de Y_i à celui de x, de façon à réaliser les relations (2) puisqu'il ne s'agit là que d'établir des rapports constants m_i ou n_i de vitesses angulaires entre ces arithmophores. Cela fait, on formera, sur d'autres arithmophores, comme il a été dit plus haut, les produits $A_i X_i$ et $B_i Y_i$, puis, au moyen de fusées sans fin, telles que celles qui ont été ci-dessus décrites, on pourra, de proche en proche, effectuer les sommations $A_1 X_1 + A_2 X_2 + \ldots$ et $B_1 Y_1 + B_2 Y_2 + \ldots$ sur deux autres arithmophores A et B. Dans ces conditions, si l'on fait tourner l'arithmophore de x, on lit, à chaque instant, sur les arithmophores A et B, les valeurs de $\Sigma A_i X_i$ et de $\Sigma B_i Y_i$, et, *lorsque ces lectures deviennent égales, la valeur de x correspondante est une racine de l'équation donnée.*

Tel est le principe de la machine à résoudre les équations algébriques de Torres, dans le cas où il ne s'agit d'obtenir que les racines réelles d'équations à coefficients réels (¹). Le premier modèle d'une machine de ce type, construit par

---

(¹) On n'obtient évidemment ainsi que les racines positives. Il suffit de traiter de même la transformée en — x pour obtenir les valeurs absolues des racines négatives.

l'inventeur, s'appliquait aux équations de l'une des deux formes

$$x^9 + \mathrm{A}\,x^8 = \mathrm{B} \qquad \text{et} \qquad x^9 + \mathrm{A}\,x^7 = \mathrm{B}.$$

Il ne s'agissait là que d'un simple modèle de démonstra-

Fig. 61.

tion, présenté à l'Académie des Sciences de Paris, le 29 juillet 1895 (*fig.* 61). Depuis lors, M. Torres a sensiblement modifié et amélioré les dispositions de sa machine (*fig.* 62).

Il a donné de même le moyen de résoudre mécaniquement les équations à coefficients imaginaires telles que

$$(3) \qquad\qquad \Sigma\,\mathrm{A}_m\,x^m = 0,$$

où

$$A_m = a_m (\cos \alpha_m + i \sin \alpha_m).$$
$$x = \rho \ (\cos \omega \ + i \sin \omega),$$

qui, par application de la formule de Moivre, se scinde en

$$(4) \quad \begin{cases} \Sigma a_m \rho^m \sin (\alpha_m + m \omega) = 0, \\ \Sigma a_m \rho^m \cos (\alpha_m + m \omega) = 0. \end{cases}$$

Les modules ρ et a_m peuvent être représentés par des

Fig. 62.

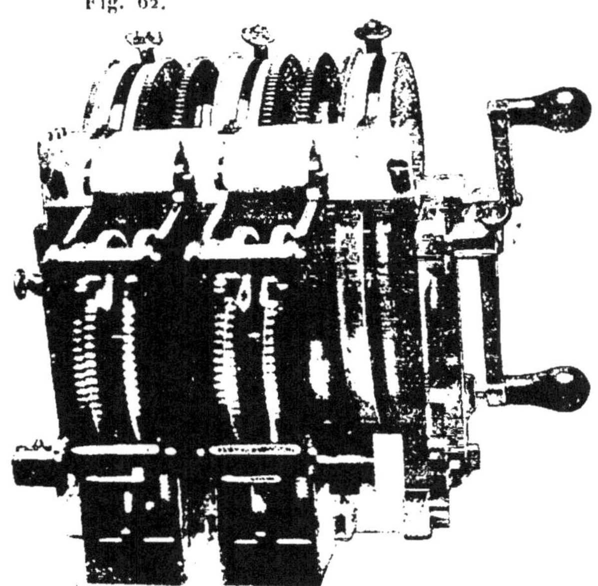

arithmophores logarithmiques, les arguments ω et α_m par
des disques pourvus d'une graduation angulaire ordinaire et
qui peuvent être dits des *arithmophores angulaires*.

L'opération consistant à former, au moyen de tels arith-
mophores, les sommes $\alpha_m + m\omega = \theta_m$ n'offre aucune difficulté.
La construction, par des arithmophores, de $\log a_m \rho^m \sin \theta_m$
et de $\log a_m \rho^m \cos \theta_m$ se heurte à la difficulté que $\sin \theta_m$ et $\cos \theta_m$
sont susceptibles de passer par des valeurs négatives; mais on
lève cette difficulté par un artifice analogue à celui mis

ci-dessus en œuvre, en remplaçant ces deux fonctions par

$$c + \sin\theta_m - c \quad\text{et}\quad c + \cos\theta_m - c,$$

c étant une constante quelconque *supérieure à* 1. Les équations (4) prennent alors la forme

$$(4\ bis)\qquad \begin{cases} \Sigma a_m \rho^m(c + \sin\theta_m = c\,\Sigma a_m \rho^m, \\ \Sigma a_m \rho^m(c + \cos\theta_m = c\,\Sigma a_m \rho^m. \end{cases}$$

M. Torres a donné le moyen de construire mécaniquement (par une ingénieuse combinaison de came et d'excentrique)

$$\log a_m \rho^m(c + \sin\theta_m) \quad\text{et}\quad \log a_m \rho^m(c + \cos\theta_m).$$

L'emploi de fusées sans fin permettra d'en déduire les logarithmes des sommes figurant aux premiers membres des équations (4 *bis*), à chacun desquels correspondra un arithmophore spécial. On formera facilement sur un troisième arithmophore la valeur du second membre commun à ces équations. Il suffira de lier ensemble ces trois arithmophores de façon à rendre leurs déplacements angulaires constamment égaux pour qu'à chaque instant les arithmophores des variables ρ et ω donnent, l'un, le module, l'autre, l'argument d'une des racines de l'équation dont les coefficients ont pour modules et arguments les valeurs marquées par les arithmophores correspondants.

Le cas des équations à coefficients réels se ramène immédiatement au précédent lorsqu'on y suppose les arguments de ces coefficients tous égaux à o (pour les coefficients positifs) ou π (pour les négatifs).

Dans le cas du second degré, le dispositif de la machine peut être sensiblement simplifié. Le modèle effectivement construit pour ce cas par M. Torres offre le grand intérêt de concréter, en quelque sorte, le processus suivant lequel se permutent les valeurs d'une fonction à détermination multiple autour de ses points critiques. C'est là une application particulière de l'idée très curieuse de M. Torres, qu'il a développée dans une note présentée à la Société mathématique de France (¹), consistant à illustrer certains faits du domaine de l'analyse, pour lesquels une figuration géométrique ne suffirait pas, au moyen de modèles cinématiques.

La recherche des racines imaginaires d'une équation algébrique à coefficients imaginaires revenant, comme on vient de le voir, à la résolution d'un système de deux équations à deux inconnues (ρ et ω), on conçoit qu'une extension naturelle des principes qui viennent d'être esquissés conduise au moyen de résoudre mécaniquement des systèmes d'équations à un nombre quelconque d'inconnues. On conçoit aussi que l'emploi de fusées analogues à celles qui ont permis à M. Torres de représenter mécaniquement les logarithmes d'addition rende possible, moyennant l'adoption d'autres profils donnés à ces fusées, la représentation mécanique de toute autre espèce de fonction, et, par suite, la résolution d'équations non plus seulement algébriques, mais transcendantes, comme, par exemple, l'équation de Kepler. Nous nous bornerons à ces quelques indications pour faire entrevoir toute la fécondité des principes dus, en ce domaine, à la prodigieuse imagination de M. Torres.

A ces machines algébriques peuvent être rattachés divers appareils qui ont pour objet la résolution de certaines équations par application de principes empruntés non seulement à la mécanique mais aussi à la physique.

Certains de ces appareils sont fondés sur la recherche de certains équilibres statiques [Bérard (²) (1810), Lalanne (³) (1840), Exner (⁴) (1881), Boys (⁵) (1886), Massau (⁶) (1887), Grant (⁷) (1897)]; hydrostatiques [Veltmann (⁸) (1884),

---

(¹) *Bull. de la Soc. math. de France*, t. XXIX, 1901, p. 167.

(²) *Opuscules mathématiques*, 1810.

(³) *C. R.*, 2ᵉ sem. 1840, p. 959.

(⁴) **6**, p. 434.

(⁵) *Philos. Magaz.*, 5ᵉ série, t. XXI, 1886, p. 241 (6, p. 435).

(⁶) *Note sur les intégraphes*, Gand, 1887, p. 30.

(⁷) *Revue technique*, 10 avril 1897, p. 161. La machine Grant a été perfectionnée par M. Skutsch (6, p. 435).

(⁸) *Zeitschr. Instrumentenkunde*, t. IV, 1884, p. 338. — **13**, p. 155.

Demanet ([1]) (1898), Meslin ([2]) (1900)]; ou même électriques [Félix Lucas ([3]) (1888), Arthur Wright].

D'autres utilisent les propriétés du mouvement de roulettes qu'entraînent, par adhérence, des plateaux animés de rotations uniformes [Stamm ([4]) (1863), Marcel Deprez ([5]) (1871), Guarducci ([6]) (1890)], ou celles des systèmes articulés [Kempe ([7]) (1873)].

Pour les systèmes d'équations linéaires, si importants pour les applications, des solutions spéciales fort ingénieuses ont été données par Lord Kelvin (Sir W. Thomson) ([8]), Wehage ([9]), Guarducci ([10]).

RÉSUMÉ ET CONCLUSIONS.

Arrivé au terme de cette revue des procédés si divers et si nombreux, dérivés de la mécanique ou de la géométrie, qui ont été proposés pour suppléer au calcul numérique, on est tenté de se demander si une telle richesse répond bien réellement à une nécessité pratique, si, au contraire,

---

([1]) *Mathesis*, 1898, p. 81. — *Suppl. al Periodico di Matematica*, mai 1898.

([2]) *C. R.*, 1er sem. 1900, p. 888. Cet appareil, fort ingénieux, se compose de solides géométriques convenablement définis, suspendus en des points déterminés du fléau d'une balance et immergés dans un liquide dont le niveau fait connaître une racine de l'équation lorsque le fléau prend un état d'équilibre horizontal.

([3]) *C. R.*, 1er sem. 1888, p. 195, 268, 587, 645, 1072.

([4]) *Essais sur l'Automatique pure*, 1863, p. 43. Ce petit ouvrage renferme des considérations très intéressantes sur la génération automatique des fonctions, les différenciations et intégrations automatiques.

([5]) *Notice sur les travaux scientifiques*, p. 5.

([6]) *Mémoires de l'Académie des Lincei*, de Rome, 4e série, t. VII, 1892, p. 217.

([7]) *Messenger of Mathematics*, 2e série, t. II, 1873, p. 51.

([8]) *London Royal Society Proceedings*, t. XXVIII, 1878, p. 111, et *Treatise on Natural Philosophy*, de Thomson et Tait, 2e éd., 1879, p. 482.

([9]) *Ver. Gewerbfleiss Verh.*, t. LVII, 1878, p. 154 (6, p. 440, note 307).

([10]) *Mém. de l'Acad. dei Lincei*, 4e série, t. VII, 1892, p. 219, 225.

il n'y a pas pléthore, et s'il y avait lieu de tant multiplier les solutions pour un problème en apparence toujours le même.

Nous disons « en apparence ». C'est qu'en effet les conditions spéciales dans lesquelles se présente ce problème, suivant que l'on se trouve dans tel ou tel cas de la pratique, en modifient profondément l'essence.

S'agit-il, ce qui est le cas dans les établissements financiers, d'effectuer souvent des opérations simples, comme la multiplication et la division, portant sur des nombres composés de beaucoup de chiffres ? L'emploi des machines arithmétiques est alors tout indiqué.

Des opérations de même genre ont-elles à être effectuées seulement d'une manière approchée, sur des nombres ne comprenant que quelques chiffres, ce qui est le cas pour un ingénieur ou un architecte faisant un métré ou établissant un devis ? Les instruments logarithmiques, insuffisants dans le cas précédent, prennent alors, et de beaucoup, l'avantage, tant à cause de leur prix relativement modique que de leur plus grande facilité de maniement.

Lorsqu'un ingénieur, la règle et l'équerre en main, combine les dispositions d'un ouvrage et qu'il cherche à en déterminer les conditions de stabilité et de résistance, il est tout naturellement porté, pour effectuer le calcul des efforts auxquels il s'agit de résister, à employer une méthode comportant simplement l'application de certains traits sur l'épure même qu'il exécute. En pareil cas donc, le tracé graphique sera généralement préféré à tout autre mode de calcul.

A-t-on besoin, en vue d'une application technique quelconque, de chercher fréquemment pour des valeurs des données variant entre certaines limites, le résultat d'une formule dont le calcul comporte un nombre plus ou moins grand d'opérations arithmétiques plus ou moins compliquées ? On est tout naturellement conduit, dans ce cas, à dresser, une fois pour toutes, le tableau des résultats de cette formule entre ces limites, tableau auquel on donnera, suivant le cas, la forme d'un barème ou d'un nomogramme.

Le barème devra être utilisé lorsque, avec deux entrées seulement, on aura besoin de quatre chiffres au moins au résultat, mais, sauf dans ce cas, pour les multiples raisons qui ont été dites (¹) et sur lesquelles il serait inutile de revenir, le nomogramme devra être préféré. C'est lui qui, pour toute espèce de calcul approché, et quelle qu'en soit la complication, offre le procédé de simplification le plus universel.

On peut d'ailleurs, croyons-nous, constater chez les hommes techniques de toute spécialité une tendance de plus en plus marquée à recourir au calcul nomographique. C'est, au surplus, ici, un domaine où se doit exercer le plus parfait éclectisme, chacun étant, le cas échéant, libre d'apprécier le procédé le plus propre à épargner sa peine.

Dans l'arsenal d'outils où il lui est donné de puiser, un bon ouvrier n'est pas embarrassé de choisir celui qui s'applique le mieux à sa besogne.

(¹) *Voir* p. 103.

NOTES ANNEXES.

I. — Description et mode d'emploi de la machine arithmétique à mouvement continu de Tchebichef ([1]).

DESCRIPTION DE LA MACHINE.

Additionneur. — Dix tambours portant sur leur périphérie la chiffraison de o à 9 trois fois répétée (*fig.* 63) sont mobiles autour d'un même

Fig. 63.

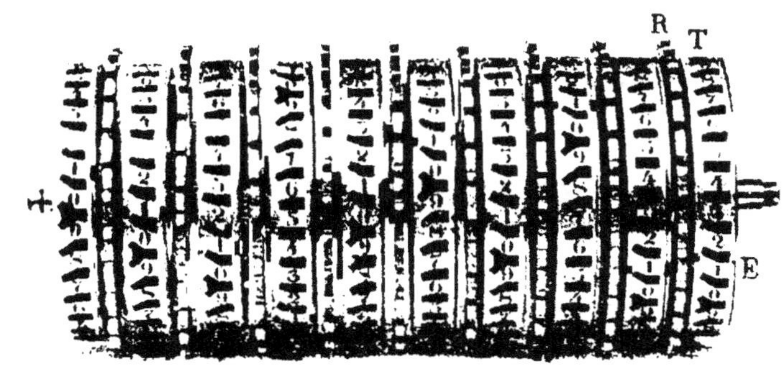

axe à l'intérieur d'un cylindre plein (*fig.* 64) percé, le long d'une de ses génératrices, de lucarnes L dans lesquelles se lisent, ainsi qu'on le verra plus loin, les différents chiffres du résultat à obtenir.

Dans chacun des intervalles laissés entre ces tambours ainsi qu'à

([1]) Lors du dernier séjour qu'il fit à Paris, en mai 1893, Tchebichef (dont nous orthographions ici le nom à la française d'après sa propre indication) fit entièrement démonter et remonter sous nos yeux sa machine par un représentant du constructeur Gautier, des mains de qui elle était sortie, pour nous mettre à même d'en rédiger la présente description qui, attentivement relue par lui-même, a reçu sa pleine approbation.

l'extrémité droite de la file est disposée une roue motrice R, qu'on peut faire tourner au moyen de dents implantées sur sa tranche. Chacune de ces roues motrices, poussée, pour l'addition, d'arrière en avant, commande le tambour qui est immédiatement à sa gauche.

Fig. 64.

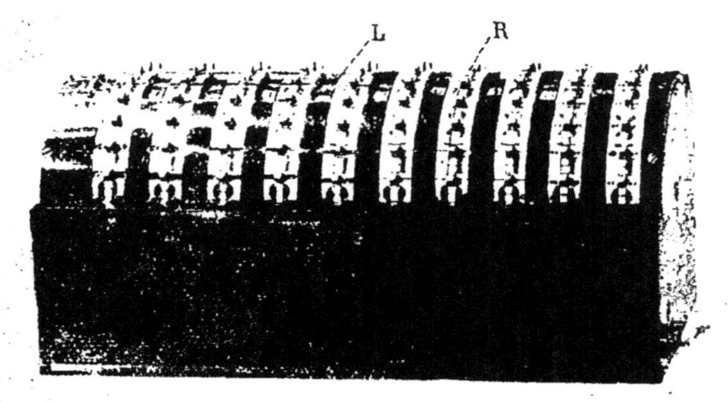

Le mouvement de chaque tambour est composé de deux autres :

1° D'un mouvement angulaire d'autant de divisions qu'il y a d'unités dans le chiffre de rang correspondant du nombre ajouté, mouvement qui est proportionnel à celui de la roue motrice :

2° D'un mouvement déterminé par le report des retenues provenant des chiffres de rang inférieur inscrits sur les tambours placés à la droite de celui-ci. Ce second mouvement est tel que, lorsque le tambour immédiatement à droite avance de dix divisions, le tambour considéré avance d'une seule division.

Pour obtenir ce mouvement composé, Tchebichef a eu recours à un train épicycloïdal (¹) fixé à chaque roue motrice et dont les roues engrènent avec les roues dentées solidaires de chacun des tambours entre lesquels cette roue motrice est placée.

Pour réaliser exactement la combinaison de mouvements voulue, il était nécessaire et suffisant de remplir les deux conditions suivantes :

1° Le nombre des divisions, c'est-à-dire des dents extérieures, des roues motrices, et le nombre des divisions des tambours doivent être

---

(¹) Les roues constituant ces trains sont visibles en partie sur la figure 63.

entre eux dans le rapport de 9 à 10. En conséquence, les roues motrices portent 27 dents et les tambours 30 divisions.

2° La *raison* de chaque train épicycloïdal doit être égale à 10. En conséquence, chacun de ces trains se compose de deux roues, l'une de 48, l'autre de 12 dents engrenant respectivement avec les roues de 24 et de 60 dents, ce qui donne bien la raison

$$\frac{48}{24} \times \frac{60}{13} = 10.$$

Les retenues n'influant que graduellement sur la position des tambours, celle-ci diffère de celle qui se produirait dans une machine à mouvements brusques, mais l'écart angulaire entre ces deux positions restant plus petit que la distance de deux chiffres, on a fait les lucarnes assez grandes pour qu'on puisse y voir à la fois deux chiffres du tambour. De cette façon, les vrais chiffres de la somme sont tous apparents, et toute ambiguïté dans la lecture est écartée grâce à des bandes marquées en blanc sur chaque tambour (*fig.* 63 et 64) et qui tiennent compte des écarts angulaires dans la position des chiffres du tambour suivant.

Il est important que chaque roue motrice s'arrête dans une position normale, c'est-à-dire alors que ses dents se trouvent sur certaines génératrices fixes du cylindre. Ce résultat est obtenu au moyen d'arrêts à ressorts.

Pour la remise à zéro, chaque tambour est muni, sur le côté droit, d'une rainure avec des encoches E (*fig.* 63) correspondant au commencement de chacune des trois chiffraisons. En agissant sur le bouton extérieur placé à gauche de la machine [que l'on pousse vers la lettre F (*fermé*)], on amène en face de ces diverses rainures des griffes portées par une même barre et dont la longueur va en diminuant de la droite vers la gauche. La première griffe de droite s'appuie sur la rainure correspondante, et, lorsqu'une des encoches ouvertes dans celle-ci se présente, cette griffe s'y engage et arrête le tambour qui montre alors un de ses o à la lucarne.

Dès que cette première griffe est fixée dans une encoche du premier tambour, la seconde griffe, un peu moins longue, vient au contact de la rainure du second tambour qu'on fait tourner jusqu'à ce que cette griffe se loge dans une des encoches de ce tambour, et ainsi de suite. Lorsque tous les tambours ont été ainsi mis successivement à zéro en allant de la droite vers la gauche, on repousse le bouton extérieur à l'autre extrémité de sa course marquée par la lettre L (*libre*), et toutes les griffes se dégageant des encoches correspondantes rendent libre le mouvement des tambours.

Pour opérer la soustraction, il suffit de renverser le sens de la rotation des roues motrices, c'est-à-dire de pousser celles-ci d'avant en arrière.

Multiplicateur. — La multiplication s'opère par répétition de l'addi-

tion. Cette répétition est déterminée par le multiplicateur (*fig.* 65) ([1])
qui s'adapte à l'additionneur. Ce multiplicateur comprend comme
partie essentielle une série d'axes en acier **A** disposés parallèlement
aux génératrices du cylindre de l'additionneur. Ces axes sont de longueurs

Fig. 65.

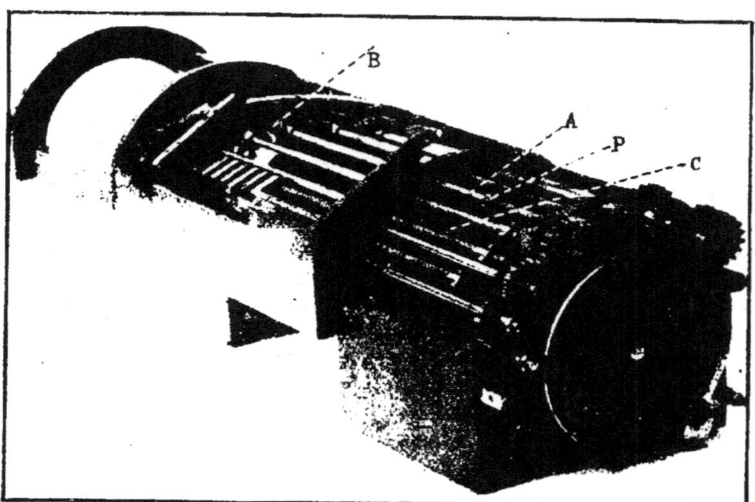

différentes, de façon que la roue dentée B que chacun d'eux porte à son
extrémité engrène avec une roue motrice différente de l'additionneur.

Ces roues dentées sont à quatre dents, d'une forme spéciale destinée
à faciliter leur introduction entre les dents des roues motrices de l'additionneur.

L'autre extrémité de chaque axe porte un pignon P, à 4 dents également, qui peut glisser sur l'axe, mais qui porte une saillie s'engageant
dans une rainure creusée dans cet axe, de sorte que celui-ci est entraîné
dans le mouvement de rotation du pignon.

Un cylindre C, dont l'axe prolonge celui de l'additionneur, porte des
dents qui peuvent engrener avec les divers pignons. Ces dents sont
disposées, sur les tranches successives de ce cylindre, respectivement
au nombre de 9, de 8, de 7, ..., et de o.

Supposons l'un des pignons arrêté en face de la tranche de 6 dents.

([1]) Le multiplicateur est représenté sur la figure 65 partiellement
démonté, après enlèvement de l'enveloppe cylindrique percée de rainures
longitudinales et du compteur à rainures transversales (*fig.* 66).

Chaque fois qu'une de ces dents poussera une des dents du pignon, une dent de la roue de transmission placée à l'autre extrémité du même axe poussera également une dent de la roue motrice correspondante, et fera avancer celle-ci d'une division. Par suite, après un tour complet du cylindre, cette roue motrice aura avancé de 6 divisions. De là, le moyen de faire inscrire à l'aide d'un seul tour du cylindre C, par les tambours de l'additionneur, un nombre donné, marqué au moyen des pignons par l'intermédiaire des boutons i (*fig.* 65).

Il faut remarquer que, par suite de la liaison établie entre les tambours consécutifs par le train épicycloïdal engrenant avec l'un et l'autre, on ne saurait agir simultanément sur deux roues motrices consécutives. Afin de tourner cette difficulté, on a disposé les dents du cylindre central et celles des pignons de telle sorte que les premières ne puissent jamais être en prise *simultanément* avec les dents de deux pignons consécutifs. Si, d'après leur rang, on distingue les pignons en pairs et en impairs, on peut dire que, dans son mouvement de rotation, le cylindre central pousse alternativement une dent des pignons pairs et une dent des pignons impairs.

Enfin, pour rendre absolument impossibles les fautes qui naissent de ce que les pignons, par suite de leur inertie, ne s'arrêtent pas toujours à l'instant voulu, Tchebichef a donné aux dents des pignons et du cylindre une forme telle que les pignons ne restent jamais libres et, par conséquent, cessent de tourner au moment où les dents du cylindre ne les poussent plus.

On voit comment, avec la machine qui vient d'être décrite, on pourrait faire le produit d'un multiplicande écrit avec les boutons i par un multiplicateur de plusieurs chiffres.

L'additionneur étant poussé à bloc sous l'appareil multiplicateur (*fig.* 66), on donnerait autant de tours de manivelle qu'il y a d'unités dans le chiffre de l'ordre décimal le plus élevé du multiplicateur, puis on ferait avancer l'additionneur d'une quantité égale à l'écartement de deux roues motrices, et l'on donnerait autant de tours de manivelle qu'il y a d'unités dans le second chiffre (à partir de la droite) du multiplicateur, et ainsi de suite.

Il semble au premier abord qu'il faille deux manivelles pour la réalisation de ces deux espèces de mouvement, l'une servant à faire tourner le cylindre central, l'autre un écrou poussant l'additionneur par l'intermédiaire d'un châssis approprié.

Tchebichef a adopté une combinaison mécanique qui permet d'effectuer ces deux opérations au moyen d'une seule manivelle M. Voici comment :

Le mouvement de la manivelle se transmet à un train épicycloïdal dont les roues extrêmes commandent l'une le cylindre central, l'autre l'écrou.

Pour que le mouvement se transmette tantôt à l'un des systèmes, tantôt à l'autre, il faut alternativement opposer à chacun d'eux un obstacle qui l'immobilise complètement.

Voici comment Tchebichef y est parvenu :

Il a disposé, sur la face avant de la machine, une sorte de compteur D constitué par des roues dentées munies chacune à sa périphérie d'un bouton d (*fig.* 66) mobile dans une rainure graduée. Nous appellerons

Fig. 66.

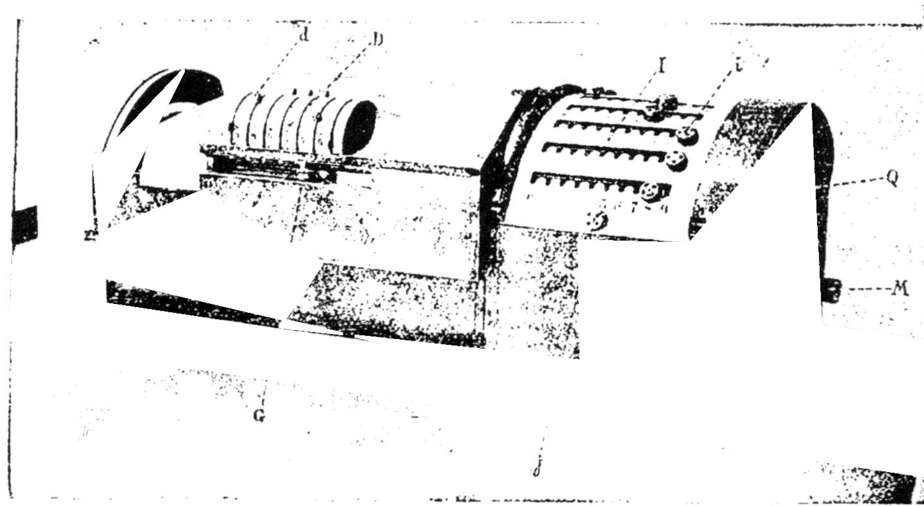

ces roues les *directrices*, car, ainsi qu'on va le voir, ce sont elles qui dirigent le mouvement.

Un curseur G, muni d'un doigt, peut glisser parallèlement à l'axe de ces roues.

Lorsque le bouton d d'une des roues directrices est au fond de la rainure correspondante, chiffrée o, la roue présente en face du doigt du curseur un creux assez profond pour permettre le passage de celui-ci. Lorsque le bouton est amené en un autre point de la rainure, par exemple celui numéroté 5, il faut que la directrice tourne de 5 dents pour que le creux profond revienne en face du doigt du curseur.

Le mouvement des directrices est lié à celui du cylindre central par l'intermédiaire d'un pignon porté par le curseur et d'un tambour denté s'étendant sur toute la longueur occupée par ces directrices et qui tourne d'une dent lorsque le cylindre central fait un tour.

Le mouvement du curseur G est lié à celui de l'écrou qui fait avancer l'additionneur. Lorsque celui-ci avance de l'espace compris entre deux roues motrices consécutives, le curseur franchit l'écartement de deux roues directrices.

Pour expliquer clairement le mode de fonctionnement résultant de cette combinaison de mécanismes, supposons que l'on multiplie par 365.

Le bouton i de la première directrice de gauche ayant été amené en face du chiffre 3, celui de la deuxième en face du chiffre 6, celui de la troisième en face du chiffre 5, on pousse le curseur G au fond de sa course vers la gauche. Son doigt s'appuyant contre la face de la première directrice, il ne peut progresser; par conséquent, le mouvement de tout l'ensemble mécanique qui y est lié est impossible; l'écrou ne peut fonctionner. C'est donc au cylindre central que va se transmettre le mouvement de la manivelle. À chaque tour de ce cylindre, la première directrice qui engrène avec le pignon du curseur va avancer d'une dent. Après trois tours, elle aura avancé de trois dents; son bouton se sera logé au fond de sa rainure; elle ne pourra plus tourner; le mouvement du cylindre central sera donc lui-même arrêté. Mais le bouton étant à zéro, le creux profond se trouve en face du doigt du curseur; celui-ci peut donc maintenant se mouvoir; et c'est l'ensemble mécanique lié à l'écrou qui va dès lors obéir à la manivelle.

Il en sera ainsi jusqu'à ce que le doigt du curseur vienne buter contre la deuxième directrice. À ce moment, le mouvement du curseur sera arrêté: mais le pignon porté par celui-ci étant venu en prise avec la seconde directrice, c'est l'ensemble mécanique lié au cylindre central qui va entrer en mouvement jusqu'à ce qu'à son tour le bouton de cette seconde directrice soit venu buter au fond de sa rainure, c'est-à-dire après six tours du cylindre.

Comme précédemment, le curseur sera ensuite amené contre la troisième directrice, et celle-ci tournera jusqu'à ce que le cylindre ait fait cinq tours.

Par un mouvement continu de la manivelle, on aura donc multiplié d'abord par 3, puis, après être descendu d'un ordre décimal, par 6, et encore, après être descendu d'un ordre décimal, par 5, c'est-à-dire qu'on aura bien multiplié par 365.

Le dispositif qui vient d'être décrit, et qui permet de commander au moyen d'une seule manivelle les divers mouvements que doit réaliser la machine, est théoriquement des plus remarquables; mais, en raison de sa complication, on est amené à se demander s'il ne vaudrait pas mieux, au point de vue pratique, s'en tenir aux deux manivelles dont il a été question plus haut pour la facilité de l'explication. L'une de ces manivelles agirait directement sur le cylindre central, l'autre sur l'écrou servant à faire progresser le châssis mobile. On pourrait d'ailleurs toujours faire en sorte que chacune d'elles se trouvât arrêtée au moment voulu dans son mouvement, de sorte que l'on n'aurait à passer de l'une à l'autre que lorsque le mouvement de la première se trouverait mécaniquement enrayé. La seule différence avec la manivelle unique, au point de vue du mode d'emploi, consisterait donc en ceci : lorsque le mouvement d'une des deux manivelles se trouverait arrêté, on n'aurait qu'à continuer le mouvement avec l'autre. Cette sujétion serait, à la vérité, tout à fait insignifiante et l'on aurait, d'autre part, l'avantage, grâce à une plus grande simplicité du mécanisme, de pouvoir tourner plus vite. Cette observation a eu la complète approbation de Tchebichef; c'est pourquoi nous avons cru pouvoir nous permettre de la consigner ici.

INSTRUCTION POUR L'EMPLOI DE LA MACHINE.

ADDITIONNEUR.

(I) *Mise à zéro.* — L'additionneur est supposé extrait de la machine (il suffit, pour cela, de le tirer à la main) et placé devant l'opérateur, de telle sorte que celui-ci lise les chiffres inscrits, tant dans les lucarnes que sur le cylindre, dans leur position normale. Voici quelle est dès lors l'opération à exécuter pour la mise à zéro :

1° Pousser le verrou placé sur la face gauche de l'instrument à l'extrémité de sa course marquée par la lettre F (*fermé*);

2° En allant de droite à gauche, faire tourner à la main chaque roue motrice R (*fig.* 64) jusqu'à ce qu'elle s'arrête d'elle-même;

3° Rendre le mécanisme libre en repoussant le verrou de la face gauche à l'extrémité de sa course marquée par la lettre L (*libre*).

Lorsqu'on a omis d'effectuer cette dernière opération et qu'on essaye de replacer l'additionneur sous le multiplicateur, un butoir empêche qu'il puisse être poussé à bloc.

(II) *Addition.* — Ajouter un chiffre sur un des tambours consiste à prendre le cran de la roue motrice correspondante (placée à droite de ce tambour), qui se trouve dans la rangée numérotée au moyen de ce chiffre, et à amener ce cran dans la rangée numérotée o.

Cela posé, ayant fait choix d'un des tambours pour y marquer les unités (ce qui définit en même temps, en prenant de droite à gauche les tambours consécutifs, celui des dizaines, celui des centaines, etc.), pour *ajouter un nombre*, il suffit, ainsi qu'il vient d'être dit, d'ajouter ses divers chiffres sur les tambours correspondants.

(III) *Soustraction.* — Retrancher un chiffre sur un des tambours consiste à prendre le cran de la roue motrice correspondante, qui se trouve dans la rangée numérotée o, et à amener ce cran dans la rangée numérotée au moyen de ce chiffre.

Cela posé, pour *retrancher un nombre*, il suffit de retrancher ses divers chiffres sur les tambours correspondants.

Pour faire une soustraction, il suffit donc, l'additionneur étant préalablement remis à zéro, d'ajouter le plus grand nombre (II), puis de retrancher le plus petit (III).

(IV) *Lecture du résultat.* — Partant du chiffre unique qui apparaît dans la première lucarne de droite, on n'a qu'à suivre la bande blanche dont les éléments successifs se raccordent d'un tambour à l'autre et à relever les chiffres successifs qui paraissent sur cette bande blanche. Ainsi, sur la figure 64, on lit dans les lucarnes, en allant de droite à gauche, le nombre 3 191 730 454.

MULTIPLICATEUR.

(V) *Mise à zéro.* — L'appareil est supposé placé devant l'opérateur de telle sorte que celui-ci lise les chiffres inscrits dans leur position normale.

La manivelle, alors placée sur la droite, doit être sortie de son logement, ce qui s'obtient en appuyant avec l'ongle sur la base cubique de cette manivelle.

Pour mettre la machine dans sa position initiale, c'est-à-dire pour ramener le châssis mobile à bloc contre la partie fixe lorsque cela n'a pas lieu, il faut :

1° Pousser le verrou placé sur la face droite de l'instrument à l'extrémité arrière de sa course marquée par la lettre R (*retour*);

2° Tourner la manivelle dans le sens du mouvement des aiguilles d'une montre (indiqué d'ailleurs par une flèche affectée de la lettre R);

3° Repousser le verrou à l'extrémité avant de sa course marquée par la lettre A (*aller*).

(VI) *Inscription d'un nombre sur l'indicateur.* — L'indicateur est l'enveloppe cylindrique I (*fig.* 66) percée de rainures à crans que l'opérateur voit sur sa droite.

En poussant les boutons *j* fixés aux bords extrêmes de l'indicateur, on imprime à celui-ci un léger mouvement de rotation d'arrière en avant qui dégage les boutons inscripteurs *i* des crans où ils étaient engagés.

Ces boutons pouvant alors glisser dans les rainures peuvent être amenés en face du cran correspondant à un chiffre quelconque.

Numérotons les rainures d'avant en arrière comme cela a lieu pour les rangées de l'additionneur, c'est-à-dire appelons rainure n° 1 celle qui est le plus en avant de l'appareil, rainure n° 2 la suivante, etc.

Cela posé, pour inscrire un nombre, on marque le chiffre de l'ordre décimal le plus haut dans la rainure n° 1, en amenant le bouton correspondant en face du cran marqué par ce chiffre, le chiffre suivant dans la rainure n° 2, et ainsi de suite, de telle sorte que les chiffres marqués dans les rainures successives reproduisent dans l'ordre habituel le nombre donné pour un observateur placé sur la face de la machine où est la manivelle.

Après avoir eu soin de pousser en face du zéro chacun des boutons non employés, on engage tous les boutons dans les crans correspondants de l'indicateur en imprimant à celui-ci, d'avant en arrière, une rotation égale à celle qui lui avait d'abord été donnée d'arrière en avant.

(VII) *Inscription d'un nombre sur le compteur.* — Le *compteur* est la partie cylindrique D, percée de rainures circulaires, qui se trouve sur le devant de la machine et au-dessous de laquelle on voit un curseur G, mobile dans une glissière.

Le curseur étant poussé à l'extrémité droite de la glissière, on écrit les nombres sur ce compteur dans l'ordre habituel en amenant avec le doigt les boutons inscripteurs *d* en face des chiffres voulus, la première rainure de gauche correspondant à l'ordre décimal le plus élevé.

Il faut ensuite avoir soin, en l'inclinant en avant par pression sur la saillie qu'il présente, de *ramener le curseur G à l'extrémité gauche de la glissière*, comme si l'on *soulignait* le nombre inscrit.

(VIII) *Multiplication.* — L'additionneur et le multiplicateur étant mis à zéro [(I) et (V)], on pousse le premier à bloc sous le second. On inscrit le multiplicande sur l'indicateur (VI) et le multiplicateur sur le compteur (VII) en ayant bien soin de *souligner*.

Après s'être assuré que le verrou de droite est bien poussé à l'extrémité A de sa course, on tourne la manivelle dans le sens contraire de celui du mouvement des aiguilles d'une montre (indiqué par une flèche affectée de la lettre A) jusqu'à ce que, *tous les boutons de l'indicateur étant revenus à leur position initiale, l'écrou du châssis mobile recommence à tourner.*

On lit alors le résultat dans les lucarnes de l'additionneur (IV).

(IX) *Division.* — On inscrit sur l'additionneur (II) le complément du dividende, en faisant correspondre aux décimales de l'ordre le plus élevé le second tambour à partir de la gauche.

Puis, le multiplicateur étant à zéro (V), on pousse le premier à bloc sous le second. On inscrit le diviseur sur l'indicateur (VI) et l'on amène à 9 tous les boutons du compteur, en ayant bien soin de *souligner* (VII).

On tourne alors comme pour la multiplication (flèche A), mais en s'arrêtant pour chaque ordre décimal au moment où le résultat lu sur l'additionneur est sur le point de dépasser le nombre formé par l'unité inscrite sur le premier tambour à gauche, suivie de zéros sur tous les autres tambours. Si l'on franchit ce moment, il suffit de donner un tour en arrière.

Lorsqu'on en est là, on incline le curseur en avant par pression sur la saillie qu'il présente, de façon à lui faire franchir la roue du compteur avec laquelle il était en contact et, en même temps, on tourne la manivelle pour faire avancer le châssis par l'intermédiaire de l'écrou. Dès que le curseur a franchi la roue, on le laisse revenir dans sa position normale pour qu'il vienne s'appuyer contre la roue suivante avec laquelle on recommencera de même

Les chiffres en face desquels, à la fin de l'opération, sont arrêtés les boutons du compteur sont les compléments à 9 des chiffres du quotient, et le nombre lu dans les lucarnes du résultat est le complément du reste.

La virgule doit être mise après le chiffre dont le rang, pris à partir de la gauche sur le compteur, est donné par la différence entre le nombre des chiffres du dividende et le nombre des chiffres du diviseur, augmentée de 1.

Voici, afin d'éclaircir ces explications un peu délicates, un exemple numérique :

Soit à diviser 236 548 par 3141.

J'inscris sur l'additionneur le complément du dividende en laissant libre la première case à gauche, c'est-à-dire que le nombre lu, après inscription, est

$$0\ 763\ 452\ 000.$$

Je pousse l'additionneur à bloc sous le multiplicateur.

J'inscris 3141 sur l'indicateur, je mets les boutons du compteur à 9 et je souligne avec le curseur.

Je vois qu'un tour du cylindre donné alors que le curseur est en contact avec la première dent ferait dépasser le but (1 000 000 000), car ce tour de cylindre ajouterait 3141 à 7634. Je fais donc franchir la première roue au curseur en faisant avancer le châssis d'un cran avec la manivelle. Le curseur étant venu au contact de la seconde roue, je continue à tourner jusqu'au moment où je lis dans les lucarnes du résultat

$$0\ 983\ 322\ 000,$$

parce qu'un tour du cylindre ajoutant 3141 à 8332 ferait dépasser 1 000 000 000. Je fais donc franchir au curseur la deuxième roue, et je recommence avec la troisième jusqu'à ce que je lise

$$0\ 999\ 027\ 000;$$

de même avec la quatrième jusqu'à ce que je lise

$$0\ 999\ 969\ 000.$$

Je suppose que j'arrête l'opération à ce moment. Le reste est alors 307 et je lis alors sur le compteur

$$9\ 246\ 999.$$

Les chiffres du quotient sont donc

$$0\ 753\ 000.$$

Le dividende ayant deux chiffres de plus que le diviseur, je dois mettre la virgule après le troisième chiffre. Le quotient est donc

$$75,3.$$

(X) *Rabattement de la manivelle.* — Pour rabattre la manivelle dans son logement, il faut presser avec le doigt sur le poussoir Q (*fig.* 66) dont la tête apparaît sur le disque que la manivelle entraîne dans son mouvement.

II. — Note sur la machine à différences Scheutz [1].

1. Soit u une fonction de x, qui, pour les valeurs équidistantes

$$x, \quad x + \Delta x, \quad x + 2\Delta x, \quad x + 3\Delta x, \quad x + 4\Delta x,$$

prend des valeurs représentées par

$$u_0, \quad u_1, \quad u_2, \quad u_3, \quad u_4, \quad \ldots$$

L'excès d'une quelconque de ces valeurs u_{n+1} sur la précédente u_n étant désigné par Δu_n, on aura la série des différences premières

$$\Delta u_0, \quad \Delta u_1, \quad \Delta u_2, \quad \Delta u_3, \quad \ldots,$$

et de la même manière celle des différences secondes

$$\Delta^2 u_0, \quad \Delta^2 u_1, \quad \Delta^2 u_2, \quad \ldots$$

celle des différences troisièmes

$$\Delta^3 u_0, \quad \Delta^3 u_1, \quad \Delta^3 u_2, \quad \ldots,$$

et celle des différences quatrièmes

$$\Delta^4 u_0, \quad \Delta^4 u_1, \quad \ldots,$$

à laquelle on se bornera ici.

On sait (p. 76) de quelle manière, inversement, lorsqu'on connaît par exemple

$$u_0, \quad \Delta u_0, \quad \Delta^2 u_0, \quad \Delta^3 u_0,$$

---

[1] On rappelle que le mode de description ici donné est emprunté au colonel du génie Bertrand.

plus la série des différences quatrièmes

$$\Delta^4 u_0, \quad \Delta^4 u_1, \quad \ldots,$$

immédiatement consécutives, on peut obtenir les valeurs de

$$u_1, \quad \Delta u_1, \quad \Delta^2 u_1, \quad \Delta^3 u_1.$$

On a en effet, par addition,

$$\Delta^3 u_1 = \Delta^3 u_0 + \Delta^4 u_0, \qquad \Delta^2 u_1 = \Delta^2 u_0 + \Delta^3 u_0,$$

$$\Delta u_1 = \Delta u_0 + \Delta^2 u_0, \qquad u_1 = u_0 + \Delta u_0;$$

une nouvelle série d'additions permettra de calculer le groupe

$$u_2, \quad \Delta u_2, \quad \Delta^2 u_2, \quad \Delta^3 u_2,$$

et ainsi de suite.

A cette marche qui est habituellement suivie lorsqu'on exécute le calcul à la main [et qui l'a été effectivement dans |la confection des tables du Cadastre, sous la direction de Prony (p. 189)], on peut en substituer une autre légèrement différente.

Partons du groupe

(1) $$u_2, \quad \Delta u_1, \quad \Delta^2 u_1, \quad \Delta^3 u_0,$$

auquel nous joindrons comme toujours la série des différences quatrièmes,

$$\Delta^4 u_0, \quad \Delta^4 u_1, \quad \Delta^4 u_2, \quad \ldots.$$

On aura par une première série d'additions

$$\Delta^3 u_1 = \Delta^3 u_0 + \Delta^4 u_0, \qquad \Delta u_2 = \Delta u_1 + \Delta^2 u_1,$$

puis par une deuxième série, à l'aide des valeurs ci-dessus,

$$\Delta^2 u_2 = \Delta u^2 u_1 + \Delta^3 u_1, \qquad u_3 = u_2 + \Delta u_2,$$

et le groupe (1) se trouvera remplacé par le groupe

(2) $$u_3, \quad \Delta u_2, \quad \Delta^2 u_2, \quad \Delta^3 u_1,$$

dans lequel tous les indices ont augmenté d'une unité. On pourra donc continuer ainsi indéfiniment. Tel est l'ordre selon lequel procède la machine Scheutz.

2. On ne cherchera pas ici à exposer le fonctionnement détaillé de cette machine : l'on n'y parviendrait d'ailleurs qu'à l'aide de nombreuses figures, en raison de la multiplicité des pièces qui se masquent les unes

les autres. Mais on cherchera à en donner une idée assez approchée en faisant subir aux organes tournants une transformation bien connue qui consiste à les développer sur un plan. Une roue dentée devient alors une crémaillère, et un mouvement de rotation se trouve changé en une translation. La partie essentielle de la machine se trouve ainsi représentée par la figure 67 dans laquelle les crémaillères C_0, C_1, C_2, C_3, C_4

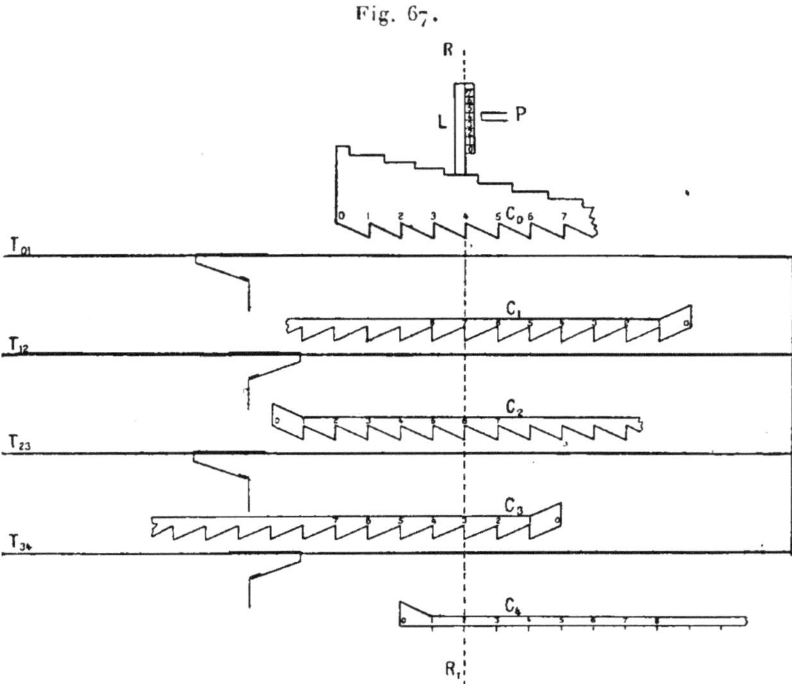

Fig. 67.

correspondent aux anneaux. (Si l'on s'arrête aux différences 4, la crémaillère C n'a pas besoin de dents : on s'est borné, sur la figure, à représenter des divisions égales). Les tiges T_{01}, T_{12}, T_{23}, T_{34} correspondent aux chiffreurs (visés p. 75); comme ceux-ci sont calés sur un même axe vertical, ces tiges se déplacent toutes ensemble de gauche à droite, puis de droite à gauche.

3. Le mécanisme de report des différences, que nous appellerons *additionneur*, peut être figuré dans ce système d'anamorphose, par la pièce *abcdef*, laquelle est articulée en *c* sur la tige (*fig.* 68).

Lorsqu'il subit une pression dans le sens *gh*, le bras articulé et pendant librement *cf* cède. Au contraire, un effort *hg* fait tourner autour de *c* tout le système. En même temps, la pièce bk, articulée en b, se relève à la façon d'une servante de charrette et vient caler l'additionneur qui reste relevé (*fig.* 69) même lorsque cesse la pression sur ef, et peut engrener dans la crémaillère au-dessus. Lorsque bk passe devant la

Fig. 68.

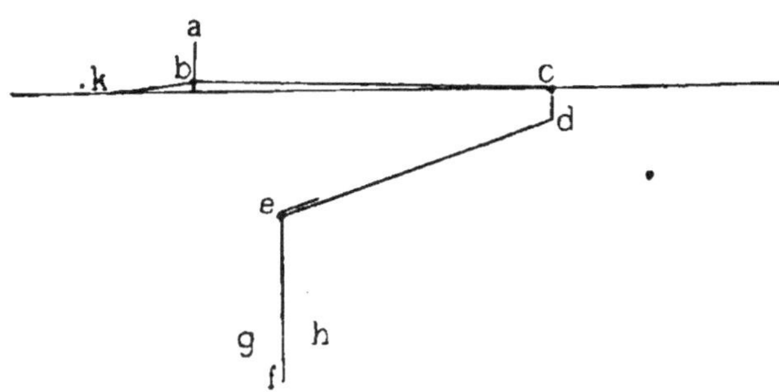

verticale RR₁ (*fig.* 67), elle rencontre un doigt en saillie qui la renverse et fait retomber l'additionneur, lequel reprend la position de la figure 68.

4. Ceci posé, revenons à la figure 67. Inscrivons les différences paires $\Delta^4 u_0$, $\Delta^2 u_1$ et la fonction u_2 en faisant glisser les crémaillères C_4, C_2, C_0 d'un nombre correspondant de dents vers la gauche, à partir de la verticale RR₁, et les différences impaires $\Delta^4 u_0$, Δu_1 en faisant glisser

Fig. 69.

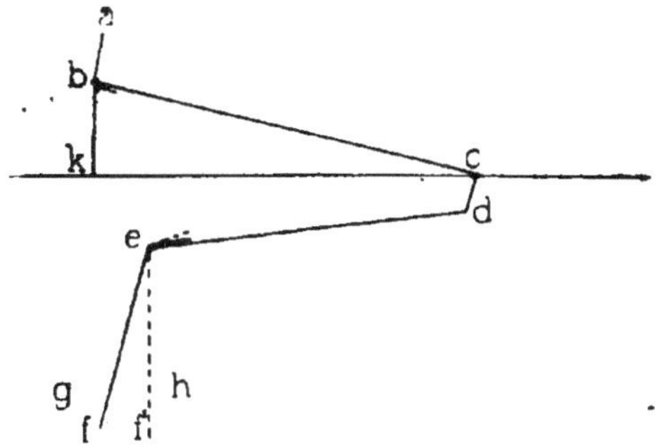

les crémaillères C_3, C_1, vers la droite (sur la figure 67, on a supposé

$$\Delta^4 u_0 = 2, \qquad \Delta^3 u_0 = 3, \qquad \Delta^2 u_1 = 6, \qquad \Delta u_1 = 7, \qquad u_2 = 4);$$

puis faisons mouvoir l'ensemble des tiges de gauche à droite

L'additionneur de la tige T_{34}, s'armant au contact de la saillie de l'extrémité de la crémaillère C_4, c'est-à-dire à $\Delta^4 u_0$ rangs vers la gauche, pour se désarmer vis-à-vis de RR_1, restera relevé sur un trajet $\Delta^4 u_0$ et fera avancer d'autant vers la droite la crémaillère C_3 qui marquera dès lors

$$\Delta^3 u_0 + \Delta^4 u_0 = \Delta^3 u_1.$$

De même l'additionneur 1 2, armé par la crémaillère C_2, sur un trajet $\Delta^2 u_2$ fera avancer de $\Delta^2 u_1$ la crémaillère C_1 qui marquera ainsi

$$\Delta u_1 + \Delta^2 u_1 = \Delta^3 u_1.$$

Alors survient un mouvement de droite à gauche dans lequel, d'une manière absolument semblable,

$$\Delta^2 u_1 \text{ accru de } \Delta^3 u_1 \quad \text{devient} \quad \Delta^2 u_2$$

et

$$u_2 \text{ accru de } \Delta u^2 \quad \text{devient} \quad u_3,$$

et le groupe (1) est bien transformé dans le groupe (2).

On voit que, sous le rapport de la fonction ci-dessus, la machine Scheutz rentre dans la catégorie de celles à course variable (p. 59).

5. Il reste à stéréotyper la valeur de u_3. A cet effet, la crémaillère C_0 est accolée à une pièce rigide taillée en gradins de hauteurs proportionnelles aux nombres naturels 0, 1, 2, 3, 4, ... et contre laquelle vient buter une tige portant latéralement en relief des types représentant les chiffres ci-dessus, dont chacun occupe un espace égal à la hauteur d'un gradin. Une lame de plomb P placée convenablement verra donc devant elle le chiffre qui représente la valeur de u_3, et, pressée, elle en prendra l'empreinte.

6. En répétant quinze fois le mécanisme ci-dessus et en ajoutant un dispositif de report des retenues, on pourra réduire à 10 le nombre des dents de chaque crémaillère et opérer sur des nombres de 15 chiffres. Ce mécanisme de retenues ne diffère pas essentiellement de ceux des autres machines arithmétiques décrites dans le présent ouvrage. Les tiges (en réalité roues) des types sont toutes juxtaposées, de sorte que leurs chiffres, s'alignant à la suite l'un de l'autre, impriment le nombre cherché sur la lame de plomb.

7. Lorsqu'on opère sur une fonction entière du 4e degré au plus, la différence 4e est rigoureusement constante et il n'y a jamais lieu de toucher à la crémaillère (anneau) C_4. Tous les nombres formés sont exacts jusqu'au 15e chiffre.

Mais généralement la fonction est plus compliquée et la différence 4e varie lentement. Il en résulte, sur les différences 3e, 2e, 1re et sur la fonction elle-même, des erreurs qui croissent progressivement en s'accumulant et qui faussent le nombre obtenu, à partir de la droite. Aussi ne stéréotype-t-on que les 7 chiffres de gauche; on fait fonctionner la machine tant que l'erreur n'a pas atteint le 8e chiffre, et l'on obtient ainsi une série de valeurs dont tous les chiffres conservés sont exacts; le nombre peut en être déterminé à l'avance. On forme ensuite un nouveau groupe de valeurs de départ exactes, puis l'on recommence comme précédemment.

III. — Résumé de l'histoire des logarithmes.

L'importance primordiale et universelle des logarithmes comme instrument de simplification du calcul est de nature à justifier ici quelques brèves indications sur leur histoire ([1]).

La remarque initiale d'où devait sortir la notion des logarithmes est la suivante : Écrivons parallèlement deux progressions, l'une géométrique commençant par 1, l'autre arithmétique commençant par 0; si A, B, C sont trois terme, quelconques de la première progression, a, b, c les termes correspondants de la seconde, lorsque

$$A \times B = C,$$

on aura, en même temps,

$$a + b = c.$$

Cette propriété, remarquée par Archimède, à propos d'un problème où il s'agissait de déterminer l'ordre décimal de grandeur d'un nombre immense ([2]), était, au début du xvie siècle, attribuée à Michel Stieffel (1486-1567). Bornée d'abord au cas de progressions uniquement composées de nombres entiers, elle devait, pour donner naissance aux logarithmes, être complétée par l'idée de l'interpolation de termes aussi rapprochés que cela était nécessaire entre ceux des progressions primitives.

Cette idée géniale a suffi à immortaliser le nom de l'Écossais Napier (en français, Néper), baron de Merchiston, qui partageait son temps entre les études théologiques et les recherches mathématiques. Non

---

([1]) C'est au colonel du Génie Bertrand que nous devons les indications qui nous ont servi à rédiger cette note.

([2]) *Traité de l'arénaire* (Œuvres complètes, traduites par Peyrard, p. 360).

content d'avoir conçu cette idée, il eut encore le mérite de la faire passer dans la pratique en calculant une première table (¹) qui, bien que présentant quelques erreurs, permit de faire la preuve de ce dont était capable la nouvelle invention.

Il est bon de rappeler qu'un des premiers et des plus fervents adeptes de ce mode nouveau de calcul fut l'illustre Képler qui, sans son secours, aurait sans doute renoncé à dresser les tables d'où il devait faire sortir les lois des mouvements planétaires; de sorte que, si les logarithmes n'eussent pas été inventés à propos, la loi de la gravitation universelle serait peut-être encore à découvrir !

Au point de vue pratique, les logarithmes népériens offraient l'inconvénient d'être à base incommensurable; autrement dit, lorsqu'un nombre était multiplié par 10, son logarithme s'accroissait d'un nombre incommensurable. Néper se rendit compte lui-même de l'utilité d'adopter la base 10 de façon que la multiplication d'un nombre par 10 ne fît qu'ajouter 1 à son logarithme. Mais la mort ne lui permit pas de réaliser cette réforme dont il avait simplement confié le plan à son fils, et c'est à son ami Henri Briggs, professeur à Oxford, que devait revenir la gloire de calculer pour la première fois ces nouveaux logarithmes, universellement employés aujourd'hui sous le nom de *logarithmes vulgaires*.

Briggs eut la patience de calculer lui-même, avec 14 décimales, les logarithmes des nombres de 1 à 20 000 et de 90 000 à 100 000 (²). Mais, pour venir à bout de sa tâche, il dut faire appel à des collaborateurs qui furent Gellibrand, en Angleterre, pour les logarithmes trigonométriques (³), et Vlacq, en Hollande, pour la lacune laissée entre les nombres 20 000 et 90 000. Ces tables, complétées par Vlacq et publiées en 1628 (⁴), ont constitué un trésor dans lequel ont puisé tous les éditeurs venus plus tard (⁵), qui, suivant le degré d'approximation qu'ils avaient

---

(¹) *Mirifici logarithmorum canonis descriptio* (Édimbourg, 1614). L'ouvrage, in-4°, de 56 pages de texte et 90 pages de tables, est dédié au prince de Galles, qui devait être un jour l'infortuné Charles Ier. Il se termine par cette phrase : « Interim hoc brevi opusculo fruamini. Deoque opifici summo omniumque bonorum opitulatori laudem summam et gloriam tribuite. » (En recueillant les fruits de ce petit ouvrage, payez un tribut de gloire et de reconnaissance à Dieu, souverain auteur et dispensateur de tous les biens.)

(²) *Arithmetica logarithmica* (Londres, 1624).

(³) *Trigonometria britannica* (Gouda, 1628).

(⁴) *Arithmerica logarithmica*, 2ᵉ éd. (Gouda, 1628).

(⁵) Y compris les Chinois dont certaines tables, données par eux comme remontant à l'antiquité la plus reculée, présentent les fautes caractéristiques de celles de Vlacq, qui ne peuvent laisser aucun doute sur leur origine. Le *Thesaurus* de Vega (1794) est aussi une copie de Vlacq.

en vue, n'ont eu qu'à en extraire un nombre restreint de décimales : 7, 6, 5, 4 et même moins.

Depuis Vlacq, on n'a guère réalisé, en matière de tables de logarithmes, que des progrès de détail portant sur la disposition matérielle, le classement des nombres, la lisibilité, enfin l'exactitude (¹). En ce qui concerne ce dernier point, on peut rappeler ici l'usage des machines pour le calcul des logarithmes par différences, et signaler l'invention de la stéréotypie qui permet de corriger les fautes au fur et à mesure qu'elles sont reconnues, sans risquer d'en introduire de nouvelles.

Il serait trop long de passer en revue les tables publiées en divers pays; le nombre en dépasse 500. On se bornera à résumer en quelques mots ce qui concerne la France.

Les livres de Néper (*Mirifici logarithmorum canonis descriptio* et *constructio*) furent imprimés à Lyon en 1620. Ils contenaient des tables de logarithmes trigonométriques. Quant aux logarithmes des nombres de Briggs, ils furent importés chez nous en 1624 par Wingate, dont il a été question à propos de la règle à calcul. Les tables de Gardiner, à sept décimales, ont fait en 1770 a Avignon, l'objet d'une édition estimée, mais bien peu maniable en raison de son format in-folio.

Callet les reproduisit en les complétant, en 1783, sous la forme d'un volume très portatif, dont l'exécution fit honneur à l'habile imprimeur Ambroise Didot. C'est lors de la nouvelle édition de cet ouvrage, en 1795, que Firmin, le fils de ce même imprimeur, inventa la stéréotypie. Le volume ainsi produit, bien connu, d'un format un peu plus grand que le précédent, fait encore l'objet de nouveaux tirages.

Un autre volume, moins connu, de très petit format, est celui que Lalande publia, également chez Didot, en 1805, et dans lequel il fit ressortir l'avantage qu'offrent les logarithmes à cinq décimales pour les calculs usuels.

Tous ces travaux, de seconde main, d'après le prototype de Vlacq, quel que soit d'ailleurs leur mérite pratique, sont éclipsés au point de vue scientifique par l'entreprise grandiose qui, à la fin du xviiie siècle, fut provoquée par l'adoption en France du système métrique. La division centésimale du quart de cercle, édictée par ce système, exigeait le calcul de nouvelles tables. Prony, à qui échut la direction du travail, sut l'organiser d'une façon remarquable (²). Ses collaborateurs furent par lui répartis en trois classes : 1° un groupe de quelques géomètres de grand renom, Legendre entre autres, chargés de créer les formules; 2° une équipe de calculateurs mathématiciens qui disposaient les formules pour

---

(¹) On ne peut citer que comme de pures curiosités scientifiques les tours de force de divers calculateurs passionnés qui se sont efforcés d'obtenir les logarithmes avec un nombre formidable de décimales : Wolfram avec 48, Sharp avec 61 !

(²) *Voir* la notice de Prony sur ses tables dans les *Mémoires de l'Institut* (Sciences math. et phys.), t. V, fructidor an XII (1804), p. 49

le calcul et remplissaient la première ligne horizontale et la dernière colonne verticale de chaque page; 3° un atelier d'une soixantaine de simples manœuvres aptes seulement à faire des additions, qui, par application de la méthode des différences, suffisaient à remplir les colonnes restantes (¹). Tous ces calculs, poussés jusqu'à 14 décimales, étaient d'ailleurs faits en double dans des locaux différents, en vue du contrôle des résultats.

Ces tables, dites du *Cadastre*, dont l'impression entamée par Didot, avec 12 décimales, fut interrompue au moment de la chute des assignats, ont donné, depuis lors, naissance aux tables à 8 décimales du Service géographique de l'Armée, exécutées par l'Imprimerie Nationale avec des caractères gravés tout spécialement qui en font actuellement un ouvrage sans rival pour la beauté de l'exécution.

Ajoutons que pour les calculs de haute précision portant sur de très grands nombres, la méthode de Fedor Thoman (²), par décomposition en facteurs, permet d'obtenir, en une vingtaine de lignes de calcul, le logarithme à 27 décimales d'un nombre donné, et inversement.

Enfin, lorsqu'il s'agit, au contraire, de calculs exigeant une assez faible approximation, on peut avoir recours à des tables de logarithmes graphiques (³), formées par le simple accolement de deux échelles graduées, l'une suivant les nombres, l'autre suivant leurs logarithmes (échelle de Gunter dont il a été précédemment question). Ces échelles sont d'ailleurs tronçonnées et leurs fragments disposés sous forme de tableau. Elles offrent l'avantage de supprimer tout calcul pour l'interpolation qui se fait simplement à vue.

M. Pouech a également construit une table graphique de logarithmes, mais en enroulant les échelles accolées suivant des cercles concentriques.

(¹) On raconte que la plupart de ces calculateurs du dernier ordre étaient des perruquiers que le changement alors survenu dans la mode de la coiffure avait mis sur le pavé.

(²) *Tables de logarithmes à 27 décimales pour les calculs de précision* Paris, Imprimerie impériale, 1867). Gardiner avait déjà donné, pour les calculs de précision, des tables à 20 décimales. Des tables analogues, à 12 décimales, fondées sur un autre principe, ont été publiées en 1877, à Bruxelles, par M. Namur, avec une intéressante introduction théorique de M. P. Mansion.

(³) *Tableau métrique de logarithmes*, par C. Dumesnil (Paris, Hachette, 1894). Le même auteur a donné, en 1900, une *règle universelle* en spirale. On peut en rapprocher le *graphique-calculateur* de H. Gu doux.

RÉPERTOIRE BIBLIOGRAPHIQUE (¹).

**Principaux ouvrages de l'auteur se rapportant au sujet traité
dans le présent volume.**

1. *Procédé nouveau de calcul graphique* (A. P. C., novembre 1884,
   p. 73).
2. *Nomographie. Les calculs usuels effectués au moyen des abaques.
   Essai d'une théorie générale* (G.-V., 1891).
3. *Traité de nomographie* (G.-V., 1899; 2ᵉ éd. 1921).
4. *Exposé synthétique des principes fondamentaux de la nomographie*
   (J. E. P., 2ᵉ série, t. VIII, 1903, p. 97).
5. *Calcul graphique et nomographie* (Doin, 1907; 3ᵉ éd. 1924).
6. *Calculs numériques* (tome I, vol. 4, fasc. 3 de l'*Encycl. des Sc. math.*;
   adaptation de l'article de R. Mehmke paru dans l'édition allemande de la même encyclopédie; Teubner et G.-V., 1909).
7. *Cours de géométrie pure et appliquée de l'École polytechnique* (2 vol.;
   G.-V., 1917-1918).
8. *Principes usuels de nomographie, avec application à divers problèmes
   concernant l'aviation et l'artillerie* (G.-V., 1920).
9. *Vue d'ensemble sur les machines à calculer* (G.-V., 1922).
10. *Esquisse d'ensemble de la nomographie* (fasc. IV du *Mémorial des
    Sc. math.*; G.-V., 1925).

Ouvrages de divers auteurs cités dans le texte.

CALCUL MÉCANIQUE.

(On rappelle que la première édition du présent ouvrage a constitué

(¹) On rappelle que, pour les ouvrages ayant eu plusieurs éditions,
les références du texte renvoient à la dernière.

le premier essai d'une étude d'ensemble des machines à calculer rationne-
lement classées.)

11. C. DIETSCHOLD. — *Die Rechenmaschine* (Leipzig, 1886).

12. CH. BABBAGE. — *Calculating Engines* (Londres, Spa, 1889). Recueil
des notes manuscrites laissées par Babbage, publiées par son fils.
Cet ouvrage existe à la Bibliothèque du Conservatoire des Arts
et Métiers.

13. W. VON DYCK. — *Katalog mathematischer und mathematisch-physi-
kalischer Modelle, Apparate und Instrumente* (Munich, 1892 et 1893).

14. W. VON BOHL. — *Appareils et machines pour le calcul mécanique*
(en russe) (Moscou, 1906).

15. L. JACOB. — *Le calcul mécanique* (Doin, 1911).

16. L.-R. DICKSEE. — *Office machinery* (Londres, Gee and C°, 1917).

17. J. A. V. TURCK. — *Origin of modern calculating machines* (Chicago,
West. Soc. of Eng., 1921).

18. MARTIN. — *Die Rechenmaschinen und ihre Entwicklungs geschichte*
(Pappenheim, J. Meyer, 1925).

CALCUL GRAPHIQUE.

19. B. E. COUSINERY. — *Le calcul par le trait* (Paris, Carillan-Gaury
et Dalmont, 1839).

20. K. CULMANN. — *Die graphische Statik* (Zurich, Meyer et Zeller,
1866). Cet ouvrage a été traduit pour la première fois en français
sur la deuxième édition allemande, par Glasser, Jacquier et Valat
(Paris, Dunod, 1880).

21. L. CREMONA. — *Le figure reciproche nella statica grafica* (Milan, 1872).
Traduit en français par Bossut (G.-V., 1885).

22. — *Elementi di calcolo grafico* (Turin, Paravia, 1874).

23. M. LÉVY. — *La statique graphique et ses applications aux constructions*
(Paris, G.-V., 1874). Une deuxième édition, en quatre volumes
au lieu d'un, a paru de 1886 à 1888.

24. J. MASSAU. — *Mémoire sur l'intégration graphique et ses applications.*
Réuni en un seul tirage à part après avoir paru par fragments,
de 1878 à 1890, dans les *Ann. des ing. sortis des écoles spéc. de
Gand.*

25. A. FAVARO. — *Calcul graphique.* Tome II des *Leçons de statique
graphique*, trad. avec appendices et notes par P. Terrier (Paris,
G.-V., 1885).

26. E. ROUCHÉ. — *Cours de statique graphique professé au Conservatoire
des Arts et Métiers.* Volume faisant partie de l'*Encyclopédie des
travaux publics* (Paris, G.-V., 1889).

27. C. Runge. — *Graphical methods* (New-York, Columbia University Press, 1912).

CALCUL GRAPHOMÉCANIQUE.
(Rappel du n° 15 ci-dessus.)

28. B Abdank-Abakanowicz. — *Les intégraphes* (G.-V., 1886).

29. H. de Morin. — *Les appareils d'intégration* (G.-V., 1893).

30. E. Pascal. — *I miei integrafi per equazioni differenziali* (Naples 1914).

CALCUL NOMOGRAPHIQUE.
(Rappel des énumérations données p. 109 (2) et 136, ainsi que des numéros 24 et 27 ci-dessus.)

31. L. Pouchet. — *Arithmétique linéaire*. Appendice à l'ouvrage *Métrologie terrestre* (Rouen, 1797).

32. L. Lalanne. — *Mémoire sur les tables graphiques et la géométrie anamorphique* (*A. P. C.*, 1ᵉʳ sem. 1846).

33. Ch. Lallemand. — *Les abaques hexagonaux*. Autographie; 1885.

34. E. Goedseels. — *Les procédés pour simplifier le calcul...* (Bruxelles, Lagaert, 1898).

35. R. Soreau. — *Contribution à la théorie et aux applications de la nomographie* (Soc. des ing. civils, 1901).

36.   »   *Nomographie. Théorie des abaques* (Paris, Chiron, 1921).

37. N. Gercevanoff. — *Les principes du calcul nomographique et leur application à l'intégration graphique* (en russe) (Saint-Pétersbourg, 1906).

38. J. Clark. — *Théorie générale des abaques d'alignement* (*Rev. de Méc.*, 1907).

CALCUL NOMOMÉCANIQUE.
(Rappel du n° 15 ci-dessus.)

39. L. Torres Quevedo. — *Machines à calculer* (*Mémoires présentés par divers savants à l'Académie des sciences*, t. XXXII, n° 9, 1901).

NOTE ADDITIONNELLE.

Le présent ouvrage était en cours d'impression lorsque nous avons reçu du professeur Erik J. Warburg, de Copenhague, un intéressant nomogramme à points alignés, dit « hématologique », destiné à certaines études de biochimie, qui serait à citer immédiatement après les importantes recherches du professeur Henderson (p. 137).

INDEX DES NOMS CITÉS.

(Pour les noms cités dans les renvois en bas de page, l'indication est suivie du numéro du renvoi, si la citation est faite dans une partie de renvoi rejetée du bas d'une page au bas de la suivante, le numéro de cette seconde page est suivi, entre crochets, de la référence relative au début du renvoi.)

TABLE DES MATIÈRES.

I. — CALCUL MÉCANIQUE.

II. — CALCUL GRAPHIQUE.

III. — CALCUL GRAPHOMÉCANIQUE.

IV. — CALCUL NOMOGRAPHIQUE.

V. — CALCUL NOMOMÉCANIQUE.

FIN DE LA TABLE DES MATIÈRES.

GAUTHIER-VILLARS & Cie

Imprimeurs-Éditeurs

55, Quai des Grands-Augustins, PARIS (6ᵉ)

Tél. LITTRÉ 50-14 et 50-15.　　　　R. C. Seine 22520.

Envoi dans toute la France et l'Union postale contre mandat-poste ou valeur sur Paris,
Frais de port en sus. (Chèques postaux : Paris **29 323**.)

Traité de Nomographie

ÉTUDE GÉNÉRALE DE LA REPRÉSENTATION
GRAPHIQUE COTÉE DES ÉQUATIONS A UN
NOMBRE QUELCONQUE DE VARIABLES.
APPLICATIONS PRATIQUES.

PAR

Maurice d'OCAGNE

Inspecteur général des Ponts et Chaussées.
Professeur à l'École Polytechnique.

*Un volume in-8 (25-16) de XXIV-484 pages, avec 182 fig. et 1 planche; deuxième
édition entièrement refondue avec de nombreux compléments; 1921* . . . . **70 fr.**

D'Ocagne. — *Calcul simplifié.*

GAUTHIER-VILLARS & Cie

Imprimeurs-Éditeurs

55, Quai des Grands-Augustins, PARIS (6')

Tél. LITTRÉ 50-14 et 50-15. R. C. Seine 22520.

Envoi dans toute la France et l'Union postale contre mandat-poste ou valeur sur Paris.
Frais de port en sus (Chèques postaux : Paris **29.323**).

Principes usuels

de

Nomographie

AVEC APPLICATION A DIVERS PROBLÈMES

CONCERNANT L'AVIATION ET L'ARTILLERIE

PAR LE

Lieutenant-colonel d'OCAGNE

Chef de la section de nomographie,
Professeur à l'École Polytechnique.

Un volume in-8 raisin (250-162) de IV-70 pages, avec 19 figures dans le texte;
broché . . . . *12 fr.*